# 广义时变系统

苏晓明　著

科学出版社

北京

# 内 容 简 介

　　本书以广义时变系统为研究对象，系统介绍了作者近年来的最新研究成果及其应用. 全书共分 14 章，主要内容包括：广义时变系统的工程背景；广义时变系统的基本特征；广义时变系统的时域有限鲁棒稳定性、镇定性及时域有界控制；不确定时滞双线性广义系统的鲁棒耗散控制；广义周期系统的稳定性、允许性、鲁棒因果控制、$H_\infty$ 控制及分散控制技术等.

　　本书可作为控制理论与控制工程、系统工程、应用数学以及与之相关的工程与应用专业的硕士、博士研究生的教材或参考用书，也可供从事相关专业教学和科研工作的人员参考.

**图书在版编目(CIP)数据**

广义时变系统/苏晓明著. —北京：科学出版社，2013
ISBN 978-7-03-039441-5

Ⅰ.①广… Ⅱ.①苏… Ⅲ.①时变系统 Ⅳ.① O231

中国版本图书馆 CIP 数据核字(2013) 第 311405 号

责任编辑：陈玉琢 / 责任校对：桂伟利
责任印制：徐晓晨 / 封面设计：陈 敬

科 学 出 版 社 出版
北京东黄城根北街 16 号
邮政编码：100717
http://www.sciencep.com

**北京科印技术咨询服务公司** 印刷
科学出版社发行　　各地新华书店经销
\*

2014 年 1 月第 一 版　　开本：720 × 1000 1/16
2018 年 1 月第三次印刷　　印张：10 1/4
字数：194 000

定价：58.00 元
(如有印装质量问题，我社负责调换)

# 前　言

自 20 世纪 70 年代, D. G. Luenberger 等先后在经济系统、电力系统、化工过程等领域发现并提出广义系统以来, 理论研究和实际应用发展很快, 已经成为一类具有比较完备系统理论和广泛应用背景的研究领域. 随着研究的不断深入和实际问题的需要, 人们的研究从传统的广义定常系统转移到更适合描述实际问题、应用更广泛的广义时变系统上, 这一成果被称之为现代控制理论的伟大成就之一. 进入 20 世纪 90 年代, 受航空、航天、网络控制、受限机器人等领域飞速发展的推动, 广义时变系统备受国内外众多学者的关注, 特别是近十年来对广义时变系统的结构分析及其相关控制问题进行了深入的研究, 取得了很多有价值的重要成果, 并将其成果广泛应用于电力系统、机器人、化学工程、生态控制、气象预测、航空航天等领域.

本书以广义时变系统为研究对象, 参照国内外广义周期系统、广义时变系统的研究现状, 主要介绍了作者近年来的最新研究成果及其应用. 全书共分 14 章, 主要内容包括: 广义时变系统的工程背景; 广义时变系统的基本特征; 广义时变系统的时域有限鲁棒稳定性、镇定性及时域有界控制; 广义周期系统的强渐近稳定性、能稳定性和二次允许性; 基于状态反馈的 $H_\infty$ 控制; 利用几何方法研究了广义离散周期系统的因果能控和鲁棒因果能控问题; 采用分散控制技术介绍了等价系统法, 研究了广义离散周期系统若干等价性; 在此基础上又进一步讨论了与之相关的不确定时滞双线性广义系统的鲁棒耗散控制.

本书是一本系统、全面地介绍广义时变系统的各类基本问题的专业性著作, 可作为控制理论与控制工程、系统工程、应用数学以及与之相关的工程与应用专业的硕士、博士研究生的教材或参考用书, 也可供从事相关专业教学和科研工作的人员参考.

本书在编写过程中得到了东北大学张庆灵教授、沈阳工业大学陈立佳教授的悉心指导, 对全书的各章节进行了认真的评阅和指点, 提出了许多宝贵的意见和建议, 沈阳工业大学董潇潇博士对全书内容的整理和校对做了许多工作, 在此表示衷心的感谢. 此外本书在完成过程中还参考了 *Singular Control Systems*(Dai, 1989)、《广义系统》(杨冬梅, 张庆灵编著) 等近年来的研究资料. 本书得到了国家自然科学基金 (61074005)、辽宁省高等学校优秀科技人才支持计划项目 (LR2012005)、沈阳工业大学学科带头人基金资助, 在此一并表示感谢.

　　由于作者学识与研究水平有限, 加之时间仓促, 书中定有许多不妥之处, 恳请读者批评指正.

作　者

2013 年 10 月

# 目　　录

# 第1章 绪　　论

## 1.1　广义系统模型

随着现代控制理论研究的不断深入, 以及向其他学科诸如航空、航天、机械、能源、网络、电力、石油、化工和通信等应用领域的渗透, 人们发现了一类更具广泛形式的动力系统, 这就是广义系统. 广义系统与我们通常所讨论的正常系统形式相似, 一般由如下形式的微分方程来表述:

$$E(x,t)\dot{x} = f(x,u,t)$$
$$y = g(x,u,t) \tag{1.1.1}$$

其中 $x$, $u$, $t$ 依次表示状态向量、输入向量和时间变量, $f(x,u,t)$, $g(x,u,t)$ 分别表示 $x$, $u$, $t$ 的 $n$ 维和 $p$ 维向量函数. $E(x,t) \in \mathbf{R}^{n \times n}$, 当 $\mathrm{rank}(E) = n$ 时, 式 (1.1.1) 表示一个连续的正常系统; 当 $\mathrm{rank}(E) = r < n$ 时, 式 (1.1.1) 表示一个连续的广义系统 (当 $f(x,u,t)$ 为非线性函数时, 式 (1.1.1) 表示一个非线性广义系统; 当 $f(x,u,t)$ 为线性函数时, 式 (1.1.1) 表示一个线性广义系统), 则线性时不变广义系统可以表示为

$$E\dot{x}(t) = Ax(t) + Bu(t)$$
$$y(t) = Cx(t) \tag{1.1.2}$$

这里 $x$, $u, y$ 分别为 $n$ 维状态向量、$m$ 维输入向量和 $p$ 维输出向量, $E$, $A$, $B$, $C$ 分别为具有适当维数的定常实矩阵. 对于广义系统 (1.1.2), 若存在常数 $s_0$ 使得 $\det(s_0 E - A) \neq 0$, 则称系统是正则的; 若 $\det(sE - A) = 0$ 的所有有限零点都具有负实部, 则称系统是稳定的; 若 $\deg \det(sE - A) = r$, 则称系统是无脉冲的; 若 $\mathrm{rank}\,([sE - A \ \ B]) = n$ 且 $\mathrm{rank}\,([E \ \ B]) = n$, 则称系统是完全能控的. 广义系统 (1.1.2) 的允许的充要条件是系统正则、稳定、无脉冲. 当广义系统 (1.1.2) 正则时, 对于给定的允许初态, 系统的解存在且唯一. 相应地, 定义在无穷区间上的广义离散系统表示为

$$Ex(t+1) = Ax(t) + Bu(t)$$
$$y(t) = Cx(t), \quad t = 0, 1, \cdots \tag{1.1.3}$$

其中 $x(t)$, $u(t)$, $y(t)$ 依次为 $t$ 时刻的 $n$ 维状态向量、$m$ 维为输入向量和 $p$ 维输出向量.

## 1.2  广义系统与正常系统的联系和区别

广义系统与正常系统相互对应, 既存在内在的联系又有着本质的区别.

广义系统与正常系统的联系在于: 如果上述各式中的 $E$ 非奇异, 则广义系统成为一个正常系统, 因此, 如果从矩阵 $E$ 的广泛取值的意义来考虑, 广义系统是对正常系统的推广. 由于正常系统理论的研究基本成熟, 已形成一套较为完善的理论体系, 所以, 为了与之区别, 习惯上以 $E$ 为奇异矩阵作为广义系统的明显标志, 从而使广义系统理论成为一个独立的研究分支.

除上述矩阵 $E$ 的明显差异之外, 广义系统与正常系统还存在许多本质的区别. 例如, 考虑线性时不变的情形, 广义系统与正常系统的区别主要体现在以下几个方面.

(1) 广义系统 (1.1.2) 的解中通常不仅含有正常系统所具有的指数解 (对应于有穷极点), 而且还含有正常系统解中所不出现的脉冲解和静态解 (对应于无穷远极点), 以及输入的导数项. 在离散时间情况下, 求解广义系统 (1.1.3) 不仅需要 $t$ 时刻以前的信息, 还需要 $t$ 时刻以后的信息, 即离散广义系统不再具有传统的因果性.

(2) 正常系统的动态阶为 $n$(等于系统的维数), 而广义系统的动态阶仅为 $r(=\mathrm{rank}(E))$.

(3) 正常系统的传递函数矩阵为真有理分式矩阵, 而广义系统的传递函数矩阵通常包含次数大于 1 的多项式矩阵.

(4) 正常系统的齐次初值问题的解存在且唯一. 但对于广义系统, 齐次初值问题可能是不相容的, 即可能不存在解, 即使有解, 也不一定唯一.

(5) 广义系统具有层次性, 一层为对象的动态特性 (由微分或差分方程描述), 另一层为管理特征的静态特性 (由代数方程描述), 而正常系统没有静态特性.

(6) 广义系统的极点, 除了具有 $r(=\deg\det(sE-A))$ 个有穷极点外, 还有正常系统不具有的 $(n-q)$ 个无穷远极点, 在这些无穷极点中又分为动态无穷极点和静态无穷极点.

通过以上比较可知, 在系统结构参数扰动下, 广义系统通常不再具有结构稳定性. 广义系统在结构上变得复杂而富有新颖性, 在研究上变得困难而富有挑战性, 因此吸引了国内外许多学者的极大兴趣, 并取得了丰富的研究成果.

## 1.3 广义系统的实际应用

广义系统除了具有学术价值外, 还具有极大的应用价值, 发掘广义系统的实际应用背景, 将广义系统理论用于解决工程实际问题, 从而实现广义系统的应用, 才能真正体现广义系统的价值. 下面将举例说明.

**例 1.3.1** Hopfield 神经网络模型的输入包括两部分, 其一是模型的外部输入, 其二是神经元输出信号的加权和. 模型可表示为

$$
\begin{pmatrix} cI & 0 & 0 & 0 \\ 0 & 0 & 0 & 0 \\ 0 & 0 & 0 & 0 \\ 0 & 0 & 0 & 0 \end{pmatrix} \dot{x} = \begin{pmatrix} -gI & 0 & 0 & -W_1 \\ 0 & I & 0 & 0 \\ 0 & -W_2 & I & 0 \\ 0 & 0 & 0 & I \end{pmatrix} x + \begin{pmatrix} 0 \\ -g(x_1) \\ -i_B \\ -f(x_3) \end{pmatrix} + \begin{pmatrix} B_1 \\ 0 \\ 0 \\ 0 \end{pmatrix} v
$$

(1.3.1a)

$$
y = (0,\ I,\ 0,\ 0)x, \quad x^{\mathrm{T}} = (x_1^{\mathrm{T}},\ x_2^{\mathrm{T}},\ x_3^{\mathrm{T}},\ x_4^{\mathrm{T}})
$$

(1.3.1b)

其中 $W_1$, $W_2$ 是两个加权矩阵, $f(x_3)$, $g(x_1)$ 是非线性函数. 这是一个非线性广义系统模型.

**例 1.3.2** 人们熟知的 Leontief 动态投入产出模型表示为

$$
x(t) = Ax(t) + B\left[x(t+1) - x(t)\right] + w(t) + d(t)
$$

(1.3.2)

其中 $A$ 为消耗系数矩阵, $B$ 为投资系数矩阵, 它们均具有适当的维数. $x(t)$ 为 $t$ 时刻的产量, $d(t) + w(t)$ 为 $t$ 时刻的最终产品量, 而 $d(t)$ 为确定性的, 被称为计划中的最终消费, $w(t)$ 为市场波动对消费的影响. 在多部门的经济系统中, 当各部门之间不存在投资时, 在矩阵 $B$ 中对应的行为零. 从而可知 $B$ 不满秩. 则系统 (1.3.2) 表示的是不确定线性时不变离散广义系统.

**例 1.3.3** 神经网络系统

$$
\dot{x}_i = a_i(x_i)\left(b_i(x_i) - \sum_{k=1}^{L} w_{ik}\frac{d_i(k)}{s(x_i)}\prod_{j=I_k} y_j^{d_j(k)}\right)
$$

(1.3.3a)

$$
0 = a_L(x_L)\left(b_L(x_L) - \sum_{k=1}^{L} w_{lk}\frac{d_L(k)}{s(x_L)}\prod_{j=I_k} y_j^{d_j(k)}\right)
$$

(1.3.3b)

这里 $x_i$, $z_L$ 为第 $i$ 个神经元的状态, $i = 1, 2, \cdots, n$, $a_i$ 对应神经细胞相关生存期标度, $b_i$ 对应接受力和时间延迟, 也可能包括细胞的自我反馈, $s$ 为神经元的输入, $w_{ik}$ 为网络的连接权, $\{I_1, \cdots, I_L\}$ 为 $\{1, 2, \cdots, m+n\}$ 的 $L$ 个无序子集. 此例是典型的广义大系统.

近三十年来, 随着人们对控制理论研究的深入, 使得人们有可能对应用领域进行更深入的研究, 相反这种研究又能促进控制理论的发展, 从而提出了新的问题、新的方法和新的系统. 一些学者致力于研究非正常系统, 实现了控制理论的一次革命, 即人们的研究从传统的定常控制器转到了时变的动态控制器上, 这一成果被称之为现代控制理论的最伟大成就之一.

非定常系统是指系统中的各类矩阵是非定常矩阵, 它的提出来源于实际. 1979 年 Schrage 和 Peters 提出了直升机传动系统的振动衰减问题.

**例 1.3.4**    直升飞机传动系统的振动衰减问题.

直升飞机的传动系统是由复杂的齿轮组成, 它的振动是典型的周期振动问题, 其振动衰减研究是非常有意义的. 振动的衰减可通过主动控制方法来解决. 这一问题可由下述线性周期系统模型来描述:

$$\begin{pmatrix} M & O \\ O & K(t) \end{pmatrix} \begin{pmatrix} \dot{x}_1 \\ \dot{x}_2 \end{pmatrix} = \begin{pmatrix} D & K(t) \\ -K(t) & O \end{pmatrix} \begin{pmatrix} x_1 \\ x_2 \end{pmatrix} + \begin{pmatrix} f \\ O \end{pmatrix} u \qquad (1.3.4a)$$

$$y = \begin{pmatrix} O & O \\ O & I \end{pmatrix} \begin{pmatrix} x_1 \\ x_2 \end{pmatrix} + \begin{pmatrix} d_1 \\ d_2 \end{pmatrix} u \qquad (1.3.4b)$$

其中 $K(\cdot)$ 表示系统的刚度矩阵, 具有周期性; $D$ 表示系统的阻尼矩阵; $M$ 表示系统的质量矩阵; $f$ 表示系统施加的主动力矩阵; $d_i$ 表示对系统的干扰; $u(\cdot)$ 表示主动施加力; $x(\cdot)$ 表示系统的状态变量; $y(\cdot)$ 表示测量系统的位移.

1976 年 Sticher 又提出了卫星姿态控制问题.

**例 1.3.5**    卫星姿态控制问题.

利用位于卫星上传感器的三维磁力计测量地球磁场的相互作用原理, 卫星绕地球轨道运动的姿态稳定性常常通过磁转矩来实现. 由于沿飞机所在位置的轨道地球场磁力的相互作用产生了周期性, 因此这类问题在数学领域的适当模型为周期模型, 即

$$\dot{x}(t) = A(t)x(t) + B(t)u(t)$$
$$y(t) = C(t)x(t) \qquad (1.3.5)$$

**例 1.3.6**    电子设备中常用的正弦波信号源控制问题.

一个电子设备 (电视机、感应信号发生器等) 中常用的正弦波信号源, 是由延迟器件、乘法器件和加法器件组成, 其振荡频率取决于乘法因子. 当系统输入 $u(t)$ 有一个扰动, 就可导致系统振荡, 振荡的周期为 $2\pi/\omega$, 其信号流程图如图 1.1 所示. 该问题可用下述周期系统来描述

$$Ex(t+1) = A(t)x(t) + B(t)u(t)$$

$$y(t) = C(t)x(t) + D(t)u(t) \tag{1.3.6}$$

其中

$$A(t) = \begin{pmatrix} 2\cos(\omega t) & -1 \\ 1 & 0 \end{pmatrix}, \quad B(t) = \begin{pmatrix} 1 \\ 0 \end{pmatrix}$$

$$C(t) = \begin{pmatrix} \cos(\omega t) & -1 \end{pmatrix}, \quad D(t) = 1$$

$$E = \mathrm{diag}(e_1, \ e_2), \quad e_i = \begin{cases} 1, & \text{系统有因果性}, \\ 0, & \text{系统无因果性}, \end{cases} \quad i = 1,2$$

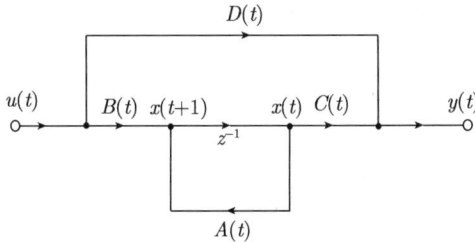

图 1.1  电子设备信号流程图

例 1.3.1~ 例 1.3.6 从不同侧面反映了周期系统的稳定性分析和控制问题的研究是非常重要的实际研究课题之一.

区间系统是一类不确定系统, 系统矩阵元素的取值通常限制在已知给定的区间内. 正是由于这一特点, 使得这类系统广泛地应用于机械工业、电子网络等领域. 由于电子网络中存在着脉冲性, 因而 Hosoe 等于 1987 年提出了用广义区间系统来描述一类特定的实际电子网络系统.

**例 1.3.7**  电子网络模型为

$$[E^m, E^M] \ \dot{x}(t) = [A^m, A^M]x(t) + Bu \tag{1.3.7a}$$

$$[E^m, E^M] = \{E = \mathrm{diag}(L_1, L_2, L_3, 0) | \underline{L} \leqslant L_i \leqslant \overline{L} | i = 1,2,3\} \tag{1.3.7b}$$

$$(A^m, A^M) = \left\{ \begin{pmatrix} 0 & 0 & 0 & 0 \\ 0 & 0 & 0 & -a_{23} \\ 0 & 0 & 0 & a_{34} \\ 0 & -r & r & a_{44} \end{pmatrix} \middle| -1 \leqslant a_{ij} \leqslant 1 \right\} \tag{1.3.7c}$$

$$B = \begin{pmatrix} \dfrac{N_1}{N} \\ \dfrac{N_2}{N} \\ 0 \\ 0 \end{pmatrix}, \quad x(t) = \begin{pmatrix} x_1(t) \\ x_2(t) \\ x_3(t) \\ x_4(t) \end{pmatrix}$$

其中 $x_i(t)$, $i = 1, 2, 3$ 表示通过相应电感器的电流, $L_i$ 表示第 $i$ 个电感器的感抗, $x_4(t)$ 表示流经电阻 $r$ 的电阻器时的电压降, $N_i/N$, $i = 1, 2$ 表示互感器的系数. 这是一个典型的广义区间系统.

广义线性系统 $E\dot{x} = Ax + Bu$ 具有广泛的应用背景, 随着科技的发展, 它的应用领域越来越大, 已遍及经济管理、航空航天、工业生产和电子网络等诸多领域, 成为经济管理模型和物理模型的主要代表. 但是随着信息时代的到来, 一些领域显然不能简单地用广义系统来描述, 如火车减振系统, 这就需要用广义二阶系统来描述.

**例 1.3.8**    火车减振系统控制问题.

为了消除不需要的振动, 常常在振动系统中设置减振器, 如图 1.2 所示. 其中, $m_1$ 是原机械部件的质量, $m_2$ 是减振器的质量, $k_1$ 和 $k_2$ 是两个弹簧, 它们的弹性

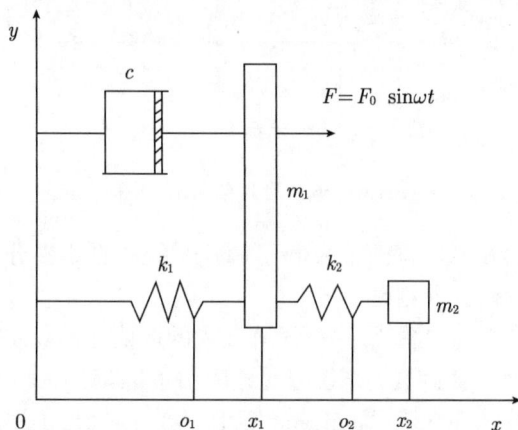

图 1.2    火车减振器

系数也分别用 $k_1$ 和 $k_2$ 来表示, $c$ 是减振器的阻尼系数, $F$ 是强迫力, $x_1$ 和 $x_2$ 分别表示 $m_1$ 和 $m_2$ 距它们平衡位置的位移, 因此上述运动系统满足

$$(T_0 P^2 + T_1 P + T_2)x = Bu \tag{1.3.8}$$

这里

$$T_0 = \begin{pmatrix} m_1 & 0 \\ 0 & m_2 \end{pmatrix}, \quad T_1 = \begin{pmatrix} c & 0 \\ 0 & 0 \end{pmatrix}$$

$$T_2 = \begin{pmatrix} k_1 + k_2 & -k_2 \\ -k_2 & k_2 \end{pmatrix}, \quad B = \begin{pmatrix} F_0 \\ 0 \end{pmatrix}$$

例 1.3.4～ 例 1.3.8, 分别从航空航天、机械工业、信息工程和电子网络等方面说明了广义周期系统、广义区间系统和一般动态系统的实际应用背景.

# 1.4 广义系统研究现状及主要成果

## 1.4.1 广义定常系统的研究概述

广义系统的研究是从 20 世纪 70 年代开始的, 迄今已有 20 余年的历史, 其基本框架已经建立. 下面就广义系统的几类研究问题做一回顾.

广义系统的能控性和能观性. 由于广义系统是一种与正常系统形式相似但比之更具有普遍意义的系统, 所以很自然地通常采用正常系统中的方法对广义系统进行研究. 与正常系统相仿, 在复数域 C 上, 广义系统的能控性得到了比较彻底的研究. Verghese 等在 1981 年前后发表的几篇论文中详细讨论了广义系统的可解性, 提出了脉冲能控的概念, 并给出了脉冲能控的条件. 与之同时, 基于复数域 C 上的广义系统的特征子空间被构造出来, 它们从几何角度刻画了广义系统, 尤其是它的脉冲能控的性质. 至此, 系统的完全能控 (完全能观)、脉冲能控 (脉冲能观) 等各种能控性和能观性问题的研究框架已经基本建立起来. 在此基础上 Lin 研究了不确定广义系统的鲁棒完全能控和完全能观性. 但是人们发现, 脉冲的概念还是很难理解, 而且难于处理. 为此张国峰 (2000) 成功地引入了投影空间 $G_{12}$, 基于 $G_{12}$ 上的广义系统的特征结构, 构造了几种特征子空间, 并给出了广义系统完全能控和完全能观的充要条件, 而且还从特征子空间的角度对广义系统是否存在脉冲做了解释.

稳定性问题是各种控制系统都要面对的一个首要问题. 无论是一般系统, 还是广义系统, 对其施加控制的第一目标就是使其稳定. 一个不稳定的系统一般来说是没有实用价值的. 1868 年, 英国人 J. C. Maxwell 发表的《论调速器》一文是有关控制理论的最早期论文, 而该文的内容就是关于离心调速系统的稳定性分析的. 二十年后, 即 1892 年, 俄国著名学者 Lyapunov 在其所完成的具有深远影响和划时代意义的博士论文《运动稳定性的一般问题》中, 更是对稳定性问题进行了深入的研究, 建立了迄今仍起着主导作用的稳定性理论的框架. 由著名的 Lyapunov 理论可知, 系统的稳定性与 Lyapunov 方程之间有一种对应关系. 通过对 Lyapunov 方程和不等式的讨论来实现对控制系统的稳定性分析与综合, 这是处理系统稳定性问题的又一重要方法, 该方法尤其适合于解决理论问题. 由于 Lyapunov 方程本身的重要性, 使其成为了控制理论界的一个经久不衰的研究主题, 时至今日它仍是一个热门研究方向. 从而 Lyapunov 方法是研究系统稳定性的主要方法之一. 尤其是近几年, 利用 Lyapunov 方法来研究稳定性是一个热门课题. 由于对定常系统稳定性的研究已趋于完善, 人们已将目光放在广义系统上来. 近几年人们通过对广义系统的稳定性研究而得到的 Lyapunov 方程和不等式就有十几种, 其中著名的 Lyapunov 方程和 Lyapunov 不等式如下.

(1) Masubuchi(1997) 给出广义 Lyapunov 不等式

$$\begin{cases} V^{\mathrm{T}}A + A^{\mathrm{T}}V < 0 \\ E^{\mathrm{T}}V = V^{\mathrm{T}}E \geqslant 0 \end{cases} \tag{1.4.1}$$

并得出了下面著名的结论: 广义系统 (1.1.2) 正则、稳定、无脉冲充要条件是广义 Lyapunov 不等式有解.

正是由于有了广义 Lyapunov 不等式, 使得人们研究广义系统的 $H_\infty$ 控制、$H_2$ 控制等问题成为可能.

(2) 张庆灵 (1997) 给出了 Lyapunov 方程

$$\begin{cases} A^{\mathrm{T}}VE + E^{\mathrm{T}}VA = -E^{\mathrm{T}}WE \\ \mathrm{rank}(E^{\mathrm{T}}VE) = \mathrm{rank}(V) = r \end{cases} \tag{1.4.2}$$

$$W > 0$$

并有: 广义系统 (1.1.2) 正则、稳定、无脉冲的充要条件是 Lyapunov 方程有半正定解.

(3) 张庆灵等 (1999) 给出了广义 Lyapunov 方程

$$\begin{cases} V^{\mathrm{T}}A + A^{\mathrm{T}}V = -W, \\ E^{\mathrm{T}}V = V^{\mathrm{T}}E \geqslant 0, \end{cases} \quad W > 0 \tag{1.4.3}$$

并有: 广义系统 (1.1.2) 正则、稳定、无脉冲的充要条件是对于任给的 $W > 0$, Lyapunov 方程有解.

(4) 张庆灵 (1999) 得到下面广义 Lyapunov 方程

$$\begin{cases} A^{\mathrm{T}}VE + E^{\mathrm{T}}VA = -E^{\mathrm{T}}WE \\ E^{\mathrm{T}}WE \geqslant 0, \mathrm{rank}(E^{\mathrm{T}}VE) = \mathrm{rank}(E) = r \end{cases} \tag{1.4.4}$$

并有: 正则的广义系统 (1.1.2) 稳定、无脉冲的充要条件是对于任意给定的对称矩阵 $W$, 广义 Lyapunov 方程有对称解.

(5) 张庆灵等 (1998) 给出了下面广义 Lyapunov 方程

$$\begin{cases} A^{\mathrm{T}}VE + E^{\mathrm{T}}VA = -E^{\mathrm{T}}WE, \\ E^{\mathrm{T}}WE \geqslant 0, \mathrm{rank}(E^{\mathrm{T}}WE) = \det\deg(SE - A), \end{cases} \quad W \geqslant 0 \tag{1.4.5}$$

并有: 正则的广义系统 (1.1.2) 稳定的充要条件是对于任意给定的 $W \geqslant 0$, Lyapunov 方程有半正定解.

上述均为连续广义系统的研究成果, 类似地也有离散广义系统的相应结论.

其他有关稳定性研究成果还有 Hernandez 通过线性周期状态反馈讨论了离散正常周期系统, 并证明了对于 $m$ 个输入, $n$ 个状态的 $T$ 周期系统, 当系统能达时, 可转化为 $Tm$ 个输入, $n$ 个状态的线性时不变系统的极点配置问题来处理. 在此基础上, Patrizio(1991) 利用极点配置方法讨论了正常线性周期离散系统的输出稳定问题和可检测问题. 1995 年 Aeyels 提出了无记忆输出反馈, 并用此反馈讨论了离散周期系统的极点配置问题, 同时指出可以通过相同周期或多个周期的线性周期输出反馈对离散的周期系统进行极点配置. 利用这一结果, Longhi 和 Zulli(1996) 提出了鲁棒极点配置的算法. Patrizio 和 Carlos(1998) 给出了周期连续和离散系统输出稳定的充要条件, 即通过一个 Riccati 方程的解来刻画输出稳定的条件. 1999 年, Duan 又进一步通过导数的状态反馈讨论了广义周期系统的鲁棒稳定问题, 但只给出了一个充分条件. 2000 年, Rafael 定义了一个前馈周期系统, 并利用输出反馈讨论了前馈系统的稳定性. 通过上述讨论可以看出, 对于正常的离散周期系统, 稳定性的研究成果最多, 已经成为一个完善的体系.

广义系统的极点配置问题. 系统的极点在很大程度上决定了系统的动态性质, 所以极点配置始终是一个重要而又具有实际意义的问题. 很多学者对广义系统的极点配置问题做了研究. Fang 讨论了广义系统的圆盘极点配置问题及不确定连续和离散广义定常线性系统的鲁棒稳定性. 此外, Fang 还在 1998 年讨论了如何将广义区间系统的极点配置在一个指定的区域内. 在此基础上, 张国峰 (2001) 讨论了广义连续系统的鲁棒圆盘配置问题.

广义系统的二次能稳问题. 在实际工程控制问题中, 由于系统本身的不确定性 (由建模误差、降维误差、系统运行误差等因素引起) 以及外界不确定性 (诸如不可知干扰输入、环境噪声等) 是不可避免的, 因而鲁棒控制的研究具有很重要的理论意义和实际价值. 二次稳定代表了一大类实际工程中的鲁棒稳定性问题. 在正常系统中, 二次稳定得到了深入的研究, 如 Barmish(1983) 通过线性控制研究了不确定系统的二次稳定, 给出了不确定线性系统二次稳定的充要条件等结论. 但在广义系统中, 有关的结论还很少. Yasuda 和 NoSo(1996) 等研究了交联广义系统的分散二次稳定问题, 并给出了一个充分条件. Xu 和 Yang(1999) 等对广义状态空间系统, 研究了不确定广义状态空间系统的鲁棒镇定问题, 并给出了一个充要条件. 此外, 由于系统的二次能稳问题与系统的 $H_\infty$ 控制密切相关, Zhang(2001) 利用 $H_\infty$ 控制的方法讨论了广义系统的二次能稳问题, 并得到用 Lyapunov 不等式给出的充要条件.

### 1.4.2  广义周期系统的研究概述

周期系统的研究是近三十年来的事情, 但由于该类系统具有周期的特点, 使其研究比时变系统方便得多, 因此周期系统的理论研究成果很多, 特别是正常周期系统的分析与控制问题已经得到了很好的解决, 其基本框架已经形成.

周期系统的研究方法大致可分为三类.

第一类方法是等价系统方法. 根据周期系统的特点将周期系统化为与之等价的定常系统, 从而可利用定常系统的方法解决此类问题, Yan 利用分散控制技术建立了等价系统, 从而研究了周期系统稳定性和极点配置等问题. Vivente 对于同样周期离散系统从另外一个角度建立了等价系统, 讨论了周期系统的极点配置问题. 而 Chen 又建立了连续周期系统的等价系统, 讨论了利用静态输出反馈来研究极点配置问题等.

第二类方法是单值矩阵方法. 所谓单值矩阵是指系统在一个周期上的状态转移矩阵. 由于系统的很多问题, 如能控性、稳定性等都与状态转移矩阵有关, 因此, 可以根据周期系统的特点, 充分利用系统在一个周期上的单值矩阵来研究问题. 这方面的代表有 Bittanti 在亚洲控制会议上的文章, Chen 在美国自动控制上的文章及 Wilson (1996) 的著作等. Chen 利用单值矩阵研究了系统的稳定性, 指出了系统的渐近稳定性可以用单值矩阵的特征值来判别. Brunonrskki 对单值矩阵进行充分讨论后, 利用单值矩阵给出了能控性和能观性矩阵, 从而可以对系统的能控性和能观性进行判别.

第三类方法是 Lyapunov 方法. 对于正常周期系统的 Lyapunov 方程和 Lyapunov 不等式, Bittanti 在其综述中进行了详细的介绍, 可以看到 Lyapunov 方程和 Lyapunov 不等式不仅形式与定常系统类似, 而且在应用中相应的结论也是平行的, 这些为进一步研究稳定性、$H_\infty$ 控制等问题打下了坚实的基础.

尽管正常周期系统已形成了比较成熟的理论体系, 但关于广义周期系统的研究成果却很少. Sreedhar 对广义离散周期系统的可解性进行了讨论, 并利用可解性矩阵和条件矩阵讨论原系统与对偶系统可解性之间的关系. Stephem 在对广义时变系统研究的基础上, 讨论了广义周期系统的 R 能控性. 梁家荣研究了广义周期系统的周期解和概周期解等.

尽管正常周期系统已基本形成了框架体系, 但对广义周期系统的研究还远远不够. 其中最关键的问题, 是建立广义线性周期系统的 Lyapunov 方程或 Lyapunov 不等式, 使其成为系统允许的充要条件. 只有建立了这一充要条件, 我们才能研究广义线性周期系统的 $H_\infty$ 控制、$H_2$ 控制, 进而研究鲁棒 $H_\infty$、鲁棒 $H_2$ 控制等问题.

### 1.4.3　广义时变系统的研究现状

近三十年来, 随着现代控制理论向工程系统的深入应用和向其他学科 (能源、航空航天、电力、生态、人口、通信、经济和社会管理系统) 的渗透, 广义时变系统的实际价值渐渐地突显出来. 一些学者致力于研究非正常系统, 实现了控制理论的一次革命, 即人们的研究从传统的定长控制器转到了时变动态控制器上, 这一成果被称之为现代控制理论的最伟大成就之一.

广义时变系统在实际中的应用比广义定常系统更加广泛, 更具实际应用价值, 通过国内外广大学者的不断钻研, 已经取得了一些成果, 但是目前的研究成果依旧尚少, 而在实际生产中对广义时变系统的需求又是相当迫切的, 因此应对时变广义系统予以高度的重视和研究. 1991 年 S.L. Campbell 和 W.J. Terrel 针对广义时变系统 $E(t)\dot{X}(t) + F(t)X(t) = B(t)U(t), Y(t) = C(t)X(t)$ 的能观性进行了研究, 给出了一直能观和渐近能观的关系和广义时变系统的外部特性; 同年 S.L. Campbell、W.J. Terrel 又和 N.K. Nichols 合作完成了广义时变系统的能观性和能控性, 文中以上述系统为基础定义了一个对偶系统, 给出了原系统能观相当于其对偶系统能控的结论, 还给出了广义时变系统的能控性和能观性的条件; C.J. Wang 就广义时变系统 $E(t)\dot{x} = A(t)\dot{x} + B(t)u, y = C(t)x$ 进行了研究, 通过两个定理给出了广义时变系统能控性和能观性的判据并证明了对偶关系不能保持能控性能观性; 2001 年 C.J. Wang 和 HoEn Liao 又发表了 *Impulse observability and impulse controllability of linear time-varying singular systems* 一文, 文中通过对快子系统的研究给出了标准广义时变系统的脉冲能控和脉冲能观的充分必要条件; 针对广义周期系统的能控性进行了研究; 文献 (Wang, 2001; Masubuchi et al., 1997) 研究了时变区间系统的能控性; 文献 (Sun and Zhang, 2004, 2005) 研究了时变切换系统的能控性; 张雪峰和张庆灵研究了线性时变系统的能控性与能观性问题, 得到了两个广义时变系统能控性与能观性的必要条件, 并且该必要条件可以不计算系统的状态转移矩阵, 只与系统矩阵 $A(t)$ 和 $B(t)$ 有关, 使得判别时变系统能控性与能观性更加易于实现. 在外界干扰 (如辐射、电压不稳等) 发生时, 系统的平衡点会被破坏. 如果在外界干扰消除以后系统仍能够在平衡状态下继续工作, 我们认为此系统具有稳定性. 由此可见对于一个系统是否具有稳定性是极其重要的, 如何通过对系统的控制使其达到稳定也就变得尤为关键. 因此, 在广义时变系统的稳定性与控制方面也有了不少学者正在研究, 并且得出了一些较好的结果. Kablar 和 A. Natasa 对广义时变系统的限时稳定性进行了研究, 运用 Lyapunov 方法得出了时域有限稳定性的充分性条件; C.J. Wang 研究了广义时变系统的稳定性和几个控制问题; 文献 (Crochiere and Rabiner, 1983) 研究了脉冲广义时变系统的限时稳定性, 并给出了新的结果, 运用矩阵不等式给出了拟合控制问题的脉冲总体框架. 苏晓明和张庆灵创造性地用 Lyapunov 方法处理了广义时变系统的渐近稳定性和脉冲性, 给出了系统渐近稳定、没有脉冲的充要条件, 同时, 利用 Riccati 方程研究了广义时变系统的能稳性问题, 并且研究了广义周期系统的相关的控制问题; 朴凤贤等对广义时变系统的 $H_\infty$ 控制问题进行了研究, 利用 LMI 方法和 Schur 补定理将广义时变系统的 $H_\infty$ 控制问题进行了转化, 所得结论表明, 范数有界的不确定性广义时变系统等价于定常的广义系统. 艾玲对广义时变系统的脉冲控制问题进行了研究.

文献 (Wisniewski and Blanke, 1999; Crochiere and Rabiner, 1983) 研究广义时变系统的 LQR 问题, 给出了解的表示方法并成功获得了最优反馈控制律; 文献 (Araki, 1993) 研究了广义时变系统的稳定性和状态反馈控制问题, 得出了该类系统能稳定的条件; 文献 (Fliege, 1994) 给出了另一种效果较好的最优容错控制方法, 通过求解 Riccati 方程得到了该系统的最优容错控制律, 该控制律可以使系统在故障发生时保持稳定. 此外, 还有一些关于广义分散控制系统基本结构性质的结果, 概括地说, 是对上述结论的补充和改进.

### 1.4.4   广义时变系统的容错控制

容错控制的思想最早可以追溯到 1971 年, 以 Niederlinski 提出完整性控制的新概念为标志, Siljak 于 1980 年发表的关于可靠镇定的文章是最早开始专门研究容错控制的文章之一. 1985 年, Eterno 等将容错控制分为主动容错控制 (Active FTC) 和被动容错控制 (Passive FTC).1986 年, 美国国家科学基金会和 IEEE 控制系统学会在美国加州桑塔卡拉大学联合召开了关于控制所面临的机遇与挑战的讨论会, 参加这次会议的有全世界最著名的 52 位控制理论与应用专家, 他们在一份提交给大会的报告中, 把多变量鲁棒、自适应和容错控制列为三大富有挑战性的研究课题.

经过 40 多年的研究, 容错控制理论已经广泛应用于航空、航天、核电站、工业机器人及化工等领域. 由于广义系统应用的广泛性, 广义系统的容错控制问题得到了学者们的深入研究. 在广义系统的设计过程中, 我们不仅要考虑系统的稳定性而且还要考虑脉冲模的消除, 致使研究和结论变得复杂而富于挑战性. 陈跃鹏和张庆灵 (2002) 给出了一类具有 Frobenius 范数界的不确定广义系统二次稳定控制器的充分必要条件, 控制器由一个满足广义约束的 Riccati 方程解出, 然后对该 Riccati 方程进行修正, 进而给出具有完整性的鲁棒容错控制. 胡刚和谢湘生 (2001) 利用线性矩阵不等式 (LMI) 考虑了一类不确定广义系统针对执行器故障的鲁棒完整性设计, 不需要在线的故障信息, 也不需要 FDD 子系统, 这是一套与鲁棒控制术相类似的方案, 采用固定的控制器来确保闭环系统对可能的故障不敏感. 胡刚、谢湘生、刘永清 (2001) 研究了不确定广义系统的鲁棒容错控制. Chen(1999, p19) 用广义离散 Riccati 方程给出了离散广义系统完整性设计, 其实他给出了基于 FDD 过程的一种主动容错控制策略, 所给出的控制器能保证系统发生故障时是稳定的、正则且无脉冲. 李军, 吴刚, 王志全 (2006) 讨论了有界线性时变不确定系统的鲁棒 $H_\infty$ 容错控制问题, 得到了鲁棒 $H_\infty$ 容错控制器存在的充分条件.

广义时变系统能描述更多的动态性能, 人们逐渐将注意力转移到广义时变系统容错控制的研究中来. 但由于广义时变系统的复杂性, 目前的研究成果少之甚少. 姚丽娜和赵培军 (2010) 研究了时变奇异系统的容错控制问题, 给出了一种容错控制律的设计方法, 但是未考虑系统的鲁棒性. 考虑到广义时变系统在控制工程中的广泛应用,对广义时变系统容错控制的理论研究是相当迫切的.

容错控制的研究方法一般可分为两大类,即主动容错控制和被动容错控制.

主动容错控制在故障发生后需要重新调整控制器的参数,也可能改变控制器的结构. 多数主动容错控制需要 FDD 子系统,但需要已知各种故障的先验知识. 主动容错控制这个概念正是来源于需要对发生的故障进行主动处理这一事实. 主动容错控制大致可以分为三大类:控制律重新调整、控制器重构设计、模型跟随重组控制.

被动容错控制是容错控制研究领域一个重要的分支,其最主要的特征是离线设计控制器,在线应用时无需故障检测与诊断便可对一定范围内的故障进行容错控制. 由上面对主动容错控制的简要介绍,再与之比较,可以理解被动容错控制的核心问题就是要求系统对可能出现的故障具有很强的鲁棒性. 被动容错控制大致可分为:可靠镇定、完整性、联立镇定三种类型.

现代系统正朝着大规模、复杂化的方向发展,这类系统一旦发生故障就可能造成人员和财产的巨大损失. 完整性容错控制是指当系统中某些传感器或 (和) 执行器发生故障时,设计合理的容错控制器,使闭环系统在运行的过程中仍能保持稳定性及预定的性能指标,是容错控制的一个重要方面. 此外,实际控制系统 (如飞行控制和导航控制) 往往是时变系统,并且在实际问题中由于计算的误差、建模的误差、环境的影响、机器的磨损等,都会给系统造成一定的干扰,这就要求考虑系统的鲁棒性,所以《广义时变系统的鲁棒容错控制》这一课题是具有广泛的研究价值的. 最后,仿真也是容错控制器设计的重要研究课题.

# 第2章   线性系统及数学理论基础

本章主要介绍本书所涉及的数学基础知识及线性系统的基本理论. 除一些必要的证明外, 对大部分结果只给出基本结论而略去证明. 读者如果想了解详细的证明过程, 可参阅有关的参考书.

## 2.1   数学基础知识

本节给出正定矩阵、矩阵奇异值、矩阵测度与范数等概念, 并给出相关定义的基本性质.

### 2.1.1   正定二次型与正定矩阵

**定义 2.1.1**   定义 $\mathbf{R}$ 上一个 $n$ 元二次型

$$q(X) = q(x_1, x_2, \cdots, x_n) = \sum_{i=1}^{n} \sum_{j=1}^{n} a_{ij} x_i x_j = X^{\mathrm{T}} A X \qquad (2.1.1)$$

其中 $X = (x_1\ x_2, \cdots, x_n)^{\mathrm{T}}$, $a_{ij} = a_{ji}$   $i, j = 1, 2, \cdots, n$, 如果对任意一组不全为零的实数 $x_1, x_2, \cdots, x_n$, 都有 $q(x_1, x_2, \cdots, x_n) > 0$(或 $\geqslant 0$), 则称 $q(x_1, x_2, \cdots, x_n)$ 是一个正定 (或半正定) 二次型. 并称相对应的对称矩阵 $A$ 是正定的 (或半正定的), 记为 $A > 0$(或 $A \geqslant 0$).

**引理 2.1.1**   对于二次型 $q(X) = X^{\mathrm{T}} A X$, $X \in \mathbf{R}^n$, 下列命题是等价的:

(1) $q(X)$ 是正定的.

(2) 对于任何 $n$ 阶可逆矩阵 $P$, 都有 $P^{\mathrm{T}} A P$ 为正定矩阵.

(3) $A$ 的 $n$ 个特征值全大于零.

(4) 存在 $n$ 阶可逆矩阵 $P$, 使得 $P^{\mathrm{T}} A P = I_n$, 其中, $I_n$ 为 $n$ 阶单位矩阵.

(5) 存在 $n$ 阶可逆矩阵 $Q$, 使得 $A = Q^{\mathrm{T}} Q$.

(6) 存在正线上三角矩阵 $R$, 使得 $A = R^{\mathrm{T}} R$, 且分解是唯一的.

(7) $A$ 的 $n$ 个顺序主子式全大于零.

**引理 2.1.2**   下列命题是等价的:

(1) $q(X)$ 是半正定的.

(2) 对于任何 $n$ 阶可逆矩阵 $P$, 都有 $P^{\mathrm{T}} A P$ 为半正定矩阵.

(3) $A$ 的 $n$ 个特征值全是非负的.

(4) 存在 $n$ 阶可逆矩阵 $P$, 使得 $P^{\mathrm{T}}AP = \begin{pmatrix} I_r & 0 \\ 0 & 0 \end{pmatrix}$, 其中, $I_r$ 为 $r$ 阶单位矩阵.

(5) 存在秩为 $r$ 的 $n$ 阶矩阵 $Q$, 使得 $A = Q^{\mathrm{T}}Q$.

**引理 2.1.3**　设 $A > 0$(或 $A \geqslant 0$), 则存在唯一的 $H > 0$(或 $H \geqslant 0$), 满足 $A = H^2$, 且任何一个与 $A$ 可交换的矩阵必和 $H$ 可交换.

**引理 2.1.4**　对于任何矩阵 $A$, 有 $A^{\mathrm{T}}A$ 与 $AA^{\mathrm{T}}$ 是半正定矩阵, 且

$$\mathrm{rank}(A^{\mathrm{T}}A) = \mathrm{rank}(AA^{\mathrm{T}}) = \mathrm{rank}(A)$$

特别地, 若 $A$ 分别为列满秩或行满秩时, $A^{\mathrm{T}}A$ 与 $AA^{\mathrm{T}}$ 分别是正定矩阵.

### 2.1.2　矩阵的奇异值分解

**定义 2.1.2**　如果 $\lambda_i (i = 1, 2, \cdots, \mathrm{rank}(A))$ 为矩阵 $A^{\mathrm{T}}A$ 的正特征值, 则称 $\sqrt{\lambda_i}$ 为矩阵 $A$ 的非零奇异值, 记为 $\sigma_i = \sqrt{\lambda_i}$.

**引理 2.1.5**　对于任意矩阵 $A$, 设 $\mathrm{rank}(A) = r$, $\sigma_1, \sigma_2, \cdots, \sigma_r$ 为 $A$ 的奇异值, 则存在 $n$ 阶正交阵 $U$ 和 $m$ 阶正交阵 $V$, 使得 $A = U \begin{pmatrix} \Sigma & 0 \\ 0 & 0 \end{pmatrix} V^{\mathrm{T}}$, $\Sigma = \mathrm{diag}(\sigma_1, \sigma_2, \cdots, \sigma_r)$.

### 2.1.3　矩阵范数与矩阵测度

**定义 2.1.3**　对于任何一个矩阵 $A$, 用 $\|A\|$ 表示按照某个法则确定的与矩阵 $A$ 对应的实数, 且满足

(1) 非负性: 当 $A \neq 0$ 时, $\|A\| > 0$; 当且仅当 $A = 0$ 时, $\|A\| = 0$.

(2) 齐次性: $\|kA\| = |k|\ \|A\|$, $k$ 为任意实数.

(3) 三角不等式: 对于任何两个同阶矩阵 $A, B$ 都有 $\|A + B\| \leqslant \|A\| + \|B\|$;

(4) 矩阵乘法相容性: 若 $A, B$ 可乘, 有 $\|AB\| \leqslant \|A\|\|B\|$,

则称对应于 $A$ 的这个实数 $\|A\|$ 是矩阵 $A$ 的矩阵范数.

**定义 2.1.4**　对于矩阵 $A$, 称

$$\|A\| = \max_j \sigma_j$$

为矩阵 $A$ 的 2- 范数, 其中, $\sigma_j$ 表示矩阵 $A$ 的第 $j$ 个奇异值.

**定义 2.1.5**　矩阵 $X \in \mathbf{R}^{n \times n}$ 的测度定义为

$$\mu(X) = \lim_{\delta \to 0^+} (\|I - \delta X\| - 1)\delta^{-1}$$

**引理 2.1.6**　矩阵测度 $\mu(X)$ 有如下的性质:

(1) $-\|X\| \leqslant -\mu(-X) \leqslant \mathrm{Re}\lambda(X) \leqslant \mu(X) \leqslant \|X\|$,

(2) 对任意适当维数的矩阵 $X,Y$, 有 $\mu(X+Y) \leqslant \mu(X)+\mu(Y)$;

(3) 若 $c \geqslant 0$, 则 $\mu(cX)=c\mu(X)$; 若 $c<0$, 则 $\mu(cX)=-c\mu(-X)$;

(4) 对任意适当维数矩阵 $X_i$ 及实数 $k_i, i=1,2,\cdots,k$, 有 $\mu\left(\sum_{i=1}^{k} k_i X_i\right) \leqslant$
$\sum_{i=1}^{k} \mu(k_i X_i)$.

(5) $\mu(X)=\dfrac{1}{2}\lambda_{\max}(X+X^{\mathrm{T}})$.

其中, $\|X\|$ 表示矩阵 $X$ 的 2-范数, $\mu(X)$ 表示矩阵 $X$ 的测度, $\mathrm{Re}(a)$ 表示复数 $a$ 的实部, $\lambda_{\max}(X)$ 表示矩阵 $X$ 的最大实特征值.

**引理 2.1.7**　设 $F \in \mathbf{R}^{n\times n}$, 若 $\|F\|<r$, 则 $(rI_n \pm F)$ 是非奇异阵; 若 $F$ 是对称矩阵, 则 $(rI_n \pm F)$ 为正定矩阵.

### 2.1.4　几个重要的矩阵不等式

**引理 2.1.8**(Schur 补引理)　设 $M(t)$, $N(t)$ 和 $P(t)$ 是具有适当维数的矩阵, $M(t)$ 和 $N(t)$ 是对称矩阵, 则对于任意的 $t \in \mathbf{R}$,

$$\begin{pmatrix} M(t) & P(t) \\ P^{\mathrm{T}}(t) & N(t) \end{pmatrix} < 0$$

当且仅当 $N(t)<0$ 及 $M(t)-P(t)N^{-1}(t)P^{\mathrm{T}}(t)<0$.

**引理 2.1.9**　令

$$N(t)=\begin{pmatrix} P(t) & X(t) \\ Y(t) & Z(t) \end{pmatrix}$$

其中 $X(t)$, $Y(t)$, $P(t)$ 和 $Z(t)$ 是具有适当维数的矩阵. 对于任意的 $t \in \mathbf{R}$, 矩阵 $Z(t)$ 可逆, 且

$$N(t)+N^{\mathrm{T}}(t)<0$$

则

$$P(t)+P^{\mathrm{T}}(t)-X(t)Z^{-1}(t)Y(t)-Y^{\mathrm{T}}(t)Z^{-\mathrm{T}}(t)X^{\mathrm{T}}(t)<0$$

**证明**　为了简便, 省去矩阵函数中的变量 $t$. 注意到 $N+N^{\mathrm{T}}<0$, 根据引理 2.1.8, 有

$$Z+Z^{\mathrm{T}}<0$$

且

$$P+P^{\mathrm{T}}-(X+Y^{\mathrm{T}})(Z+Z^{\mathrm{T}})^{-1}(Y+X^{\mathrm{T}})<0 \tag{2.1.2}$$

令 $H = -(Z^{-1} + Z^{-T})^{-1}$, 则有

$$H = Z(-Z - Z^{T})^{-1}Z^{T} > 0$$

因此存在可逆矩阵 $W$, 使 $H = W^{T}W$, 且有

$$
\begin{aligned}
& XZ^{-1}HZ^{-1}Y + Y^{T}Z^{-T}HZ^{-T}X^{T} \\
=& (XZ^{-1}W^{T})(WZ^{-1}Y) + (Y^{T}Z^{-T}W^{T})(WZ^{-T}X^{T}) \\
\leqslant& (XZ^{-1}W^{T})(WZ^{-T}X^{T}) + (Y^{T}Z^{-T}W^{T})(WZ^{-1}Y) \\
=& -X(Z + Z^{T})^{-1}X^{T} - Y^{T}(Z + Z^{T})^{-1}Y
\end{aligned}
\tag{2.1.3}
$$

此外有

$$
\begin{aligned}
& (XZ^{-1}Y + Y^{T}Z^{-T}X^{T}) - (X + Y^{T})(Z + Z^{T})^{-1}(Y + X^{T}) \\
=& -X(Z + Z^{T})^{-1}X^{T} - Y^{T}(Z + Z^{T})^{-1}Y - XZ^{-1}HZ^{-1}Y - Y^{T}Z^{-T}HZ^{-T}X^{T} \tag{2.1.4}
\end{aligned}
$$

由式 (2.1.3) 和式 (2.1.4), 有

$$XZ^{-1}Y + Y^{T}Z^{-T}X^{T} \geqslant -(X + Y^{T})(Z + Z^{T})^{-1}(Y + X^{T}) \tag{2.1.5}$$

因此由式 (2.1.2) 和式 (2.1.5), 则引理 2.1.9 得证. □

**引理 2.1.10** 设 $X$ 和 $Y$ 是具有适当维数的实矩阵, $\varepsilon > 0$ 是任意给定的常数, 则

$$X^{T}Y + Y^{T}X \leqslant \varepsilon\, X^{T}X + \varepsilon^{-1}\, Y^{T}Y$$

**证明** 对于矩阵 $X$ 和 $Y$, 及 $\varepsilon > 0$ 有

$$0 \leqslant \left\| \sqrt{\varepsilon}X - \sqrt{\varepsilon^{-1}}Y \right\|^{2} = \varepsilon\, X^{T}X + \varepsilon^{-1}Y^{T}Y - X^{T}Y - Y^{T}X$$

所以结论成立. □

**引理 2.1.11** 对于任意的 $x \in \mathbf{R}^{n}$, 有

$$\max\{\, (x^{T}MF(t)Nx)^{2} \mid F^{T}(t)F(t) \leqslant I \,\} = (x^{T}MM^{T}x)(x^{T}N^{T}Nx)$$

其中 $M$ 和 $N$ 是具有适当维数的实矩阵.

**证明** 令 $v = M^{T}x$, $\eta_{1} = FNx$, $\eta = Fx$, 则

$$(x^{T}MFNx)^{2} = (v^{T}\eta_{1})^{2}$$

根据 Schwarz 不等式, 对于任意给定的 $x \in \mathbf{R}^{n}$, 有

$$\left| v^{T}\eta_{1} \right| \leqslant \sqrt{v^{T}v\eta_{1}^{T}\eta_{1}}$$

所以对于任意的 $F(t)^{\mathrm{T}}F(t) \leqslant I$, 得

$$(v^{\mathrm{T}}\eta_1)^2 \leqslant v^{\mathrm{T}}v\eta^{\mathrm{T}}F^{\mathrm{T}}F\eta \leqslant v^{\mathrm{T}}v\eta^{\mathrm{T}}\eta$$

即

$$(x^{\mathrm{T}}MFNx)^2 \leqslant (x^{\mathrm{T}}MM^{\mathrm{T}}x)(x^{\mathrm{T}}N^{\mathrm{T}}Nx)$$

于是有

$$\max\{(x^{\mathrm{T}}MF(t)Nx)^2 \mid F^{\mathrm{T}}(t)F(t) \leqslant I\} \leqslant (x^{\mathrm{T}}MM^{\mathrm{T}}x)(x^{\mathrm{T}}N^{\mathrm{T}}Nx)$$

实际上, 令 $F_0 = \dfrac{v\eta^{\mathrm{T}}}{\|v\|\,\|\eta\|}$, 其中, $\|v\| = \sqrt{v^{\mathrm{T}}v}$. 显然有 $F_0^{\mathrm{T}}F_0 \leqslant I$, 且

$$(x^{\mathrm{T}}MF_0Nx)^2 = \frac{(v^{\mathrm{T}}v\eta^{\mathrm{T}}\eta)^2}{\|v\|^2\,\|\eta\|^2} = v^{\mathrm{T}}v\eta^{\mathrm{T}}\eta = (x^{\mathrm{T}}MM^{\mathrm{T}}x)(x^{\mathrm{T}}N^{\mathrm{T}}Nx)$$

于是引理得证.　　　　　　　　　　　　　　　　　　　　　　　　　　$\square$

**引理 2.1.12**　设矩阵 $M, N, P \in \mathbf{R}^{n \times n}$ 满足 $M \geqslant 0, N \geqslant 0$ 和 $P < 0$. 如果对于任意的非零向量 $x \in \mathbf{R}^n$, 有

$$(x^{\mathrm{T}}Px)^2 - 4(x^{\mathrm{T}}Mx)(x^{\mathrm{T}}Nx) > 0$$

则存在常数 $\lambda > 0$ 使得下式成立

$$\lambda^2 M + \lambda P + N < 0$$

**引理 2.1.13**　设 $Q \in \mathbf{R}^{n \times n}, L \in \mathbf{R}^{r \times n}$, 且 $Q = Q^{\mathrm{T}}$, $\mathrm{rank}(L) = r$. 若对于满足 $Lx = 0$ 的任意非零向量 $x \in \mathbf{R}^n$, 使 $x^{\mathrm{T}}Qx < 0$ 成立, 则存在正数 $\mu_0 > 0$ 使

$$Q - \mu L^{\mathrm{T}}L < 0$$

对所有 $\mu > \mu_0$ 成立.

**证明**　因为 $L$ 行满秩, 则存在可逆矩阵 $T \in \mathbf{R}^{n \times n}$ 使 $LT = [\ I\ \ 0\ ]$. 对于给定的 $\mu > 0$, $Q - \mu L^{\mathrm{T}}L < 0$ 的充要条件是

$$T^{\mathrm{T}}(Q - \mu L^{\mathrm{T}}L)T = \begin{pmatrix} Q_{11} - \mu I & Q_{12} \\ Q_{12}^{\mathrm{T}} & Q_{22} \end{pmatrix} < 0$$

而任意满足 $Lx = 0$ 的 $x \in \mathbf{R}^n$ 均可表示为 $x = T\begin{pmatrix} 0 \\ y \end{pmatrix}$, 其中, $y \in \mathbf{R}^{n-r}$ 为任意非零向量. 故由假设 $x^{\mathrm{T}}Qx < 0$ 得

$$\begin{pmatrix} 0 & y^{\mathrm{T}} \end{pmatrix} T^{\mathrm{T}}QT \begin{pmatrix} 0 \\ y \end{pmatrix} = y^{\mathrm{T}}Q_{22}y < 0, \quad \forall y \in \mathbf{R}^{n-r}$$

即 $Q_{22} < 0$. 所以, 由 Schur 补引理知, $T^{\mathrm{T}}(Q - \mu L^{\mathrm{T}} L)T < 0$ 的充要条件是

$$-\mu I + (Q_{11} - Q_{12} Q_{22}^{-1} Q_{12}^{\mathrm{T}}) < 0 \tag{2.1.6}$$

于是对所有 $\mu > \mu_0$, 式 (2.1.6) 显然成立, 即 $Q - \mu L^{\mathrm{T}} L < 0$. □

## 2.2 正则矩阵束

对于给定的两个同阶的矩阵 $M$ 和 $N$, 矩阵 $(sM - N)$ 称为一个矩阵束. 这里的 $s$ 代表复数域 $\mathbf{C}$ 上的变量.

**定义 2.2.1** 如果 $M$ 和 $N$ 为方阵, 且存在常数 $s_0$ 使

$$\det(s_0 M - N) \neq 0 \tag{2.2.1}$$

则称矩阵束 $(sM - N)$ 是正则的.

显然, 当矩阵束 $(sM - N)$ 正则时, 除了复平面上的有限个点外, 所有的点都满足式 (2.2.1). 此时, 有下面的定义.

**定义 2.2.2** 方程

$$\det(sM - N) = 0 \tag{2.2.2}$$

称为正则矩阵束 $(sM - N)$ 的特征方程; 特征方程 (2.2.2) 的根称为正则矩阵束 $(sM - N)$ 的广义特征值; 正则矩阵束 $(sM - N)$ 的广义特征值集合一般记为 $\lambda(M, N)$; 多项式 $P(s) = \det(sM - N)$ 称为正则矩阵束 $(sM - N)$ 的特征多项式.

矩阵束分为正则和非正则两类. 非正则的矩阵束包括非方矩阵和满足

$$\det(sM - N) \equiv 0 \tag{2.2.3}$$

的两种情况.

正则矩阵束具有如下性质.

**定理 2.2.1** 矩阵束 $(sM - N)$ 正则的充要条件是存在两个可逆矩阵 $P$ 和 $Q$ 使

$$P(M\ N)Q = \begin{pmatrix} I & 0 & \vdots & N_1 & 0 \\ 0 & M_2 & \vdots & 0 & I \end{pmatrix} \tag{2.2.4}$$

其中 $N_1 \in \mathbf{R}^{n_1 \times n_1}$, $M_2 \in \mathbf{R}^{n_2 \times n_2}$; $M_2$ 为幂零矩阵, 即存在正整数 $h$ 使 $M_2^{h-1} \neq 0$, $M_2^h = 0$; $n_1 + n_2 = n$.

**证明** **充分性** 由

$$\det(sM - N) = \det(PQ)^{-1} \det(sI - N_1) \det(sM_2 - I)$$

结论得证.

**必要性**　采用构造性证明方法. 选择实数 $s_0$ 使式 (2.2.1) 成立. 令

$$\overline{M} = (s_0 M - N)M, \quad \overline{N} = (s_0 M - N)N$$

则

$$s_0 \overline{M} - \overline{N} = I, \quad \overline{M}\,\overline{N} = \overline{N}\,\overline{M} \tag{2.2.5}$$

将 $\overline{M}$ 化为若尔当标准形, 即存在可逆矩阵 $T$ 使

$$T^{-1}\overline{M}T = \begin{pmatrix} \overline{M}_1 & 0 \\ 0 & \overline{M}_2 \end{pmatrix}$$

其中 $\overline{M}_1$ 为 $n_1 \times n_1$ 阶可逆矩阵, $\overline{M}_2$ 为 $n_2 \times n_2$ 阶幂零矩阵, 即存在正整数 $h$ 使 $\overline{M}_2^{h-1} \neq 0$, $\overline{M}_2^h = 0$, 且

$$T^{-1}\overline{N}T = T^{-1}(s_0\overline{M} - I)T = \begin{pmatrix} s_0\overline{M}_1 - I & 0 \\ 0 & s_0\overline{M}_2 - I \end{pmatrix} = \begin{pmatrix} \overline{N}_1 & 0 \\ 0 & \overline{N}_2 \end{pmatrix} \tag{2.2.6}$$

$\overline{N}_1$ 为 $n_1 \times n_1$ 阶矩阵, $\overline{N}_2$ 为 $n_2 \times n_2$ 阶可逆矩阵. 从而有

$$\begin{pmatrix} \overline{M}_1^{-1} & 0 \\ 0 & \overline{N}_2^{-1} \end{pmatrix} T^{-1}\overline{M}T = \begin{pmatrix} I & 0 \\ 0 & \overline{N}_2^{-1}\overline{M}_2 \end{pmatrix} = \begin{pmatrix} I & 0 \\ 0 & M_2 \end{pmatrix}$$

及

$$\begin{pmatrix} \overline{M}_1^{-1} & 0 \\ 0 & \overline{N}_2^{-1} \end{pmatrix} T^{-1}\overline{N}T = \begin{pmatrix} \overline{M}_1^{-1}\overline{N}_1 & 0 \\ 0 & I \end{pmatrix} = \begin{pmatrix} N_1 & 0 \\ 0 & I \end{pmatrix}$$

注意到

$$M_2 = -\sum_{i=1}^{h-1} s_0^{i-1}\overline{M}_2^i \tag{2.2.7}$$

则取

$$P = \begin{pmatrix} \overline{M}_1^{-1} & 0 \\ 0 & \overline{N}_2^{-1} \end{pmatrix} T^{-1}(s_0 M - N)^{-1}, \quad Q = T$$

必要性得证.　　　　　　　　　　　　　　　　　　　　　　　　□

下面的定理给出一般情况下的矩阵束的标准形.

**定理 2.2.2**　对于任一个奇异矩阵束 $(sM - N)$, 存在可逆矩阵 $P$ 和 $Q$ 使

$$P(sM - N)Q = \mathrm{diag}(\ sI - N_1, \ sM_2 - I, \ sN_2 - N_3, \ sM_3 - M_4, \ 0\ ) \tag{2.2.8}$$

其中

$$sN_2 - N_3 = \mathrm{diag}(s\ N_{21} - N_{31},\quad sN_{22} - N_{32},\quad \cdots,\quad sN_{2t} - N_{3t}\ )$$

$$sN_{2i} - N_{3i} = \begin{pmatrix} s & -1 & \cdots & 0 & 0 \\ 0 & s & \cdots & 0 & 0 \\ \vdots & \vdots & & \vdots & \vdots \\ 0 & 0 & \cdots & s & -1 \end{pmatrix},\quad i = 1, 2, \cdots, t$$

$$sM_3 - M_4 = \mathrm{diag}(\ sM_{31} - M_{41},\quad sM_{32} - M_{42},\quad \cdots,\quad sM_{3k} - M_{4k}\ ) \qquad (2.2.9)$$

$$sM_{3j} - M_{4j} = \begin{pmatrix} s & 0 & \cdots & 0 \\ -1 & s & \cdots & 0 \\ \vdots & \vdots & & \vdots \\ 0 & 0 & \cdots & s \\ 0 & 0 & \cdots & -1 \end{pmatrix},\quad j = 1, 2, \cdots, k$$

对于矩阵束 $(sM - N)$ 正则性的确定, 有如下的计算方法.

(1) 对于给定的矩阵束 $(sM - N)$, 左乘可逆矩阵 $T_1$ 使

$$T_1(sM - N) = \begin{pmatrix} sM_{11} - N_{11} \\ -N_{12} \end{pmatrix}$$

其中矩阵 $M_{11}$ 行满秩.

(2) 构造矩阵 $\Delta = \begin{pmatrix} M_{11} \\ N_{12} \end{pmatrix}$, 如果 $\Delta$ 满秩, 则矩阵束 $(sM - N)$ 正则. 否则, 该矩阵束非正则.

通常, 可以由初等行列变换得出 $\Delta$.

## 2.3 线性系统理论

考虑如下线性系统

$$\dot{x}(t) = Ax(t) + Bu(t) \qquad (2.3.1a)$$

$$y(t) = Cx(t) \qquad (2.3.1b)$$

其中 $x(t) \in \mathbf{R}^n$ 为状态; $u(t) \in \mathbf{R}^m$ 为控制输入; $A \in \mathbf{R}^{n \times n}, B \in \mathbf{R}^{n \times m}, C \in \mathbf{R}^{p \times n}$ 为定常矩阵.

**定义 2.3.1** 如果存在一个输入 $u(t)$, 使状态方程 (2.3.1) 的解 $x(t)$ 从任意的初始状态出发, 在有限时间内到达原点, 则称系统 (2.3.1) 是能控的, 或称 $(A, B)$ 是能控的.

**引理 2.3.1**    对于系统 (2.3.1), 下面的命题等价:

(1) $(A, B)$ 能控.

(2) $\mathrm{rank}[\ B,\ AB, \cdots, A^{n-1}, B\ ] = n.$

(3) $\mathrm{rank}[\ sI - A,\ B\ ] = n, \forall s \in \mathbf{C}.$

**定义 2.3.2**    如果系统 (2.3.1) 的任意初始状态能够被有限时间内的输入 $u(t)$ 和输出 $y(t)$ 唯一确定, 则称系统 (2.3.1) 是能观 (测) 的, 或称 $(A, C)$ 是能观 (测) 的.

**引理 2.3.2**    对于系统 (2.3.1), 下面的命题等价:

(1) $(A, C)$ 能观.

(2) $\mathrm{rank}[C/CA/ \cdots /CA^{n-1}] = n.$

(3) $\mathrm{rank} \begin{pmatrix} sE - A \\ C \end{pmatrix} = n,\ \forall s \in \mathbf{C}.$

**定义 2.3.3**    若矩阵 $A$ 的所有特征值均具有负实部, 即

$$\mathrm{Re}\{\lambda_i(A)\} < 0, \quad i = 1, 2, \cdots, n$$

则称系统 (2.3.1) 稳定.

**引理 2.3.3**    系统 (2.3.1) 稳定的充要条件是对任意正定矩阵 $M > 0$, Lyapunov 方程

$$A^{\mathrm{T}}X + XA + M = 0$$

存在正定解 $X > 0$.

**引理 2.3.4**    系统 (2.3.1) 稳定的充要条件是存在正定矩阵 $M > 0$, 使 Lyapunov 方程

$$A^{\mathrm{T}}X + XA + M = 0$$

有唯一正定解 $X > 0$.

**引理 2.3.5**    下述三条结论, 只要其中两条成立, 第三条必然成立.

(1) 系统 (2.3.1) 稳定.

(2) 系统 (2.3.1) 能观 (或能控).

(3) Lyapunov 方程

$$A^{\mathrm{T}}X + XA = -C^{\mathrm{T}}C, \quad (\text{或}AX + XA^{\mathrm{T}} = -BB^{\mathrm{T}})$$

有唯一正定解 $X > 0$.

**定义 2.3.4**    如果存在矩阵 $K \in \mathbf{R}^{m \times n}$ 使得 $\sigma(A + BK) \subset \mathbf{C}^-$, 则称系统 (2.3.1) 是能稳 (定) 的, 或称 $(A, B)$ 是能稳 (定) 的.

**引理 2.3.6**    系统 (2.3.1) 能稳的充要条件是

$$\mathrm{rank}[\ sI - A,\ B\ ] = n, \quad \forall s \in \bar{\mathbf{C}}^+$$

其中 $\bar{\mathbf{C}}^+ = \left\{ s \ \middle|\ s \in \mathbf{C}, \ \ \mathrm{Re}(s) \geqslant 0 \right\}$ 表示右半闭复平面.

**推论 2.3.1**    如果系统 (2.3.1) 能控, 则它是能稳的; 反之则不一定成立.

**定义 2.3.5**    如果存在矩阵 $L \in \mathbf{R}^{n \times l}$, 使得 $\sigma(A + LC) \subset \mathbf{C}^-$, 则称系统 (2.3.1) 是能检测的, 或称矩阵对 $(E, A, C)$ 是能检测的.

**引理 2.3.7**    系统 (2.3.1) 能检测的充要条件是

$$\mathrm{rank}\left[\ sI - A/, \quad C\ \right] = n, \quad \forall s \in \bar{\mathbf{C}}^+$$

**推论 2.3.2**    如果系统 (2.3.1) 能观, 则它是能检测的; 反之则不一定成立.

考虑如下 $H_2$ 代数 Riccati 方程 (简记为 $H_2$-ARE)

$$A^{\mathrm{T}}X + XA - XBB^{\mathrm{T}}X + C^{\mathrm{T}}C = 0 \tag{2.3.2}$$

且记

$$H = \begin{pmatrix} A & -BB^{\mathrm{T}} \\ -C^{\mathrm{T}}C & -A^{\mathrm{T}} \end{pmatrix}, \quad X_-(H) = I_m \begin{pmatrix} X_1 \\ X_2 \end{pmatrix}$$

其中 $X_1, X_2 \in \mathbf{C}^{n \times n}$, 则称 $H$ 为一个哈密顿 (Hamilton) 矩阵, 与 Riccati 方程 (2.3.2) 相对应. $X_-(H)$ 表示矩阵 $H$ 的稳定的模子空间.

**引理 2.3.8**    (1) 两个子空间 $X_-(H)$ 和 $I_m \begin{pmatrix} 0 \\ I \end{pmatrix}$ 互补的充要条件是 $X_1$ 可逆.

(2) 设 $H$ 在虚轴上没有特征值, $(A, B)$ 是可稳定的, 则 $X_-(H)$ 和 $I_m \begin{pmatrix} 0 \\ I \end{pmatrix}$ 互补.

**引理 2.3.9**    假设上述哈密顿矩阵 $H$ 在虚轴上没有特征值, 且 $X_-(H)$ 和 $I_m \begin{pmatrix} 0 \\ I \end{pmatrix}$ 互补, 定义 $X = X_2 X_1^{-1}$, 则

(1) $X$ 是实对称的.

(2) $X$ 满足 $H_2$-ARE(2.3.2).

(3) $X$ 是稳定化解, 即 $A - BB^{\mathrm{T}}X$ 是稳定的.

**引理 2.3.10**    假设 $(A, B)$ 是能稳定的且 $(A, C)$ 是能检测的, 则 $H_2$-$ARE$(2.3.2) 存在一个唯一的半正定解 $X \geqslant 0$, 并且该解是一个稳定化解.

对于如下线性系统

$$\dot{x}(t) = Ax(t) + Bu(t) \tag{2.3.3a}$$

$$y(t) = Cx(t) + Du(t) \tag{2.3.3b}$$

记传递函数为

$$G(s) = C(sI - A)^{-1}B + D$$

**引理 2.3.11**　假设系统 (2.3.1) 稳定, 则对于给定的正实数 $\gamma > 0$, 使 $\|G(s)\|_\infty < \gamma$ 的充要条件是下面的命题成立:

(1) $\|D\|_\infty < \gamma$(或 $R = \gamma^2 I - D^{\mathrm{T}}D > 0$).

(2) 存在对称矩阵 $P$ 满足下面的代数 Riccat 方程

$$P(A + BR^{-1}D^{\mathrm{T}}C) + (A + BR^{-1}D^{\mathrm{T}}C)^{\mathrm{T}}P + PBR^{-1}B^{\mathrm{T}}P + C^{\mathrm{T}}(I + DR^{-1}D^{\mathrm{T}})C = 0$$

使 $A + BR^{-1}(D^{\mathrm{T}}C + B^{\mathrm{T}}P)$ 是稳定的.

# 第3章 广义周期 Lyapunov 方程和广义周期 Riccati 方程

Lyapunov 方法在控制系统的研究中起着非常重要的作用, 并且已经成为研究正常系统比较成熟的方法. 近年来, 很多研究者正致力于将这种方法推广到广义系统中. 由于广义系统具有一些区别于正常系统的特殊性质. 例如, 正则性、脉冲性等, 因此 Lyapunov 方法的形式是多种多样的. Lewis 给出了第一个研究广义系统的 Lyapunov 方程, 紧接着 Takaba 把这一结果进一步推广, 使其形式更接近于正常系统的 Lyapunov 方程. 张庆灵利用 Lyapunov 方程研究了广义系统的结构稳定性. Masubuchi 和 Hsiung 提出了 Lyapunov 不等式, 并且用其研究 $H_\infty$ 控制问题. 对于正常周期系统, Lyapunov 方法也得到了广泛的应用, Bolzern 和 Varga 分别建立了连续和离散周期 Lyapunov 方程, 并利用 Lyapunov 方程讨论了周期系统的稳定性. 在此基础上, Bittanti 又分别建立了连续和离散周期 Lyapunov 不等式和 Riccati 方程, 并利用 Lyapunov 不等式给出了周期系统稳定的充要条件.

但上述方法只是用来处理定常广义系统和正常周期系统, 而利用 Lyapunov 方法来研究广义周期系统的成果却很少. 目前, 还没有利用 Lyapunov 方法处理脉冲性和渐近稳定性的研究成果. 本章利用 Lyapunov 方法来研究广义周期系统的稳定性, 并给出了广义定常 Lyapunov 方程的数值算法.

## 3.1 预备概念及引理

考虑如下广义周期时变系统

$$E\dot{x}(t) = A(t)x(t) + B(t)u(t) \tag{3.1.1a}$$

$$y(t) = C(t)x(t) \tag{3.1.1b}$$

其中 $x(t) \in \mathbf{R}^n$ 是系统的状态变量, $u(t) \in \mathbf{R}^m$ 是系统的控制输入, $A(t) \in \mathbf{R}^{n\times n}, B(t) \in \mathbf{R}^{n\times m}, C(t) \in \mathbf{R}^{r\times n}$ 是解析的函数矩阵, $E \in \mathbf{R}^{n\times n}$ 是定常矩阵, $\text{rank}(E) = q \leqslant n$ 且

$$(A(t+T), B(t+T), C(t+T)) = (A(t), B(t), C(t))$$

对于系统 (3.1.1) 给出如下定义.

**定义 3.1.1**　对于系统 (3.1.1), 如果存在常数 $s$ 使得

$$\det(sE - A(t)) \neq 0, \quad \forall t$$

则称系统 (3.1.1) 是一致正则的.

由定义 3.1.1 知, 系统 (3.1.1) 的一致正则与 Campbell 意义下的解析可解性是等价的.

将系统 (3.1.1) 进行如下分解, 其中

$$PEQ = \begin{pmatrix} I & 0 \\ 0 & 0 \end{pmatrix}, \quad PA(t)Q = \begin{pmatrix} A_{11}(t) & A_{12}(t) \\ A_{21}(t) & A_{22}(t) \end{pmatrix}$$

$$PB(t) = [B_1(t)/B_2(t)], \quad Q^{-1}x(t) = [x_1(t)/x_2(t)]$$

则系统 (3.1.1) 受限等价于

$$\begin{aligned} \dot{x}_1(t) &= A_{11}(t)x_1(t) + A_{12}(t)x_2(t) + B_1(t)u(t) \\ 0 &= A_{21}(t)x_1(t) + A_{22}(t)x_2(t) + B_2(t)u(t) \end{aligned} \tag{3.1.2}$$

显然, 系统 (3.1.1) 无脉冲的充分必要条件为 $A_{22}(t)$ 是可逆的. 此时

$$\dot{x}_1(t) = (A_{11}(t) - A_{12}(t)A_{22}^{-1}(t)A_{21}(t))x_1 \tag{3.1.3}$$

**定义 3.1.2**　系统 (3.1.1) 被称为强渐近稳定的, 如果系统 (3.1.1) 无脉冲并且是渐近稳定的.

**引理 3.1.1**　正常周期时变系统

$$\dot{x}(t) = A(t)x(t) + B(t)u(t) \tag{3.1.4}$$

稳定的充分必要条件为对于给定矩阵 $Q(t) > 0$, Lyapunov 方程

$$\dot{P}(t) + P(t)A(t) + A^{\mathrm{T}}(t)P(t) = -Q(t) \tag{3.1.5}$$

有唯一的正定解.

## 3.2　广义 Lyapunov 方程

**定义 3.2.1**　将式 $V(Ex, t) = x^{\mathrm{T}}E^{\mathrm{T}}V(t)Ex$ 对 $t$ 求导得矩阵微分方程

$$E^{\mathrm{T}}V(t)A(t) + A^{\mathrm{T}}(t)V(t)E + E^{\mathrm{T}}\dot{V}(t)E = -E^{\mathrm{T}}W(t)E \tag{3.2.1}$$

其中 $W(t) \geqslant 0, W(t) \in \mathbf{R}^{n \times n}$.

称式 (3.2.1) 为广义 Lyapunov 方程.

## 3.3  系统的强渐近稳定

利用 Lyapunov 方程 (3.2.1), 可以得出下面的结果.

**定理 3.3.1**  假设系统 (3.1.1) 是一致正则的, 则系统 (3.1.1) 是强渐近稳定的充分必要条件为 Lyapunov 方程 (3.2.1) 有对称解 $V(t)$, 且满足

$$\operatorname{rank}(E) = \operatorname{rank}(E^{\mathrm{T}}V(t)E), \quad E^{\mathrm{T}}V(t)E \geqslant 0$$

**证明**  将式 (3.1.2) 代入 Lyapunov 方程 (3.2.1), 得

$$\begin{pmatrix} \dot{V}_1(t) + V_1(t)A_{11}(t) + A_{11}^{\mathrm{T}}(t)V_1(t) + V_2(t)A_{21}(t) + A_{21}^{\mathrm{T}}(t)V_2^{\mathrm{T}}(t) & V_1(t)A_{12}(t) + V_2(t)A_{22}(t) \\ A_{12}^{\mathrm{T}}(t)V_1^{\mathrm{T}}(t) + A_{22}^{\mathrm{T}}(t)V_2^{\mathrm{T}}(t) & 0 \end{pmatrix}$$
$$= -\begin{pmatrix} W_1(t) & 0 \\ 0 & 0 \end{pmatrix}$$

这里

$$P^{-\mathrm{T}}V(t)P^{-1} = \begin{pmatrix} V_1(t) & V_2(t) \\ V_2^{\mathrm{T}}(t) & V_3(t) \end{pmatrix}, \quad P^{-\mathrm{T}}W(t)P^{-1} = \begin{pmatrix} W_1(t) & W_2(t) \\ W_2^{\mathrm{T}}(t) & W_3(t) \end{pmatrix}$$

即

$$\dot{V}_1(t) + V_1(t)A_{11}(t) + A_{11}^{\mathrm{T}}(t)V_1(t) + V_2(t)A_{21}(t) + A_{21}^{\mathrm{T}}(t)V_2^{\mathrm{T}}(t) = -W_1(t) \quad (3.3.1)$$

$$V_1(t)A_{12}(t) + V_2(t)A_{22}(t) = 0 \quad (3.3.2)$$

必要性. 由于系统 (3.1.1) 无脉冲, 所以 $A_{22}(t)$ 可逆. 又由于

$$V_1(t)A_{12}(t) + V_2(t)A_{22}(t) = 0$$

所以

$$V_2(t) = -V_1(t)A_{12}(t)A_{22}^{-1}(t)$$

将其代入式 (3.3.1) 得

$$\dot{V}_1(t) + [A_{11}(t) - A_{12}(t)A_{22}^{-1}(t)A_{21}(t)]^{\mathrm{T}}$$
$$V_1(t) + V_1(t)[A_{11}(t) - A_{12}(t)A_{22}^{-1}(t)A_{21}(t)] = -W_1(t) \quad (3.3.3)$$

由于 $A_{11}(t) - A_{12}(t)A_{22}^{-1}(t)A_{21}(t)$ 是渐近稳定的, 所以由引理 3.1.1 知, Lyapunov 方程 (3.3.3) 有唯一的正定解 $V_1(t)$, 从而 Lyapunov 方程 (3.2.1) 有对称解 $V(t)$. 又由于

$$E^{\mathrm{T}}V(t)E = Q^{-\mathrm{T}}\begin{pmatrix} V_1(t) & 0 \\ 0 & 0 \end{pmatrix}Q^{-1} \quad (3.3.4)$$

所以

$$\text{rank}[E^\mathrm{T}V(t)E] = \text{rank}[V_1(t)] = \text{rank}(E), \quad E^\mathrm{T}V(t)E \geqslant 0$$

充分性. 由 $E^\mathrm{T}V(t)E = Q^{-\mathrm{T}}\begin{pmatrix} V_1(t) & 0 \\ 0 & 0 \end{pmatrix}Q^{-1} \geqslant 0, \quad \text{rank}(E) = \text{rank}(E^\mathrm{T}V(t)E)$

可知

$$V_1(t) > 0$$

再由

$$V_1(t)A_{12}(t) + V_2(t)A_{22}(t) = 0$$

有解可得, 当 $V_1(t)$ 确定时, 上式有解 $V_2(t)$, 从而

$$\text{rank}(A_{22}(t)) = \text{rank}[A_{12}^\mathrm{T}(t),\ A_{22}^\mathrm{T}(t)]$$

又由系统的一致正则性, 得 $A_{22}(t)$ 可逆, 从而系统 (3.1.1) 无脉冲.

将 $V_2(t) = -V_1(t)A_{12}(t)A_{22}^{-1}(t)$ 代入式 (3.3.1) 得

$$\dot{V}_1(t) + [A_{11}(t) - A_{12}(t)A_{22}^{-1}(t)A_{21}(t)]^\mathrm{T}$$
$$V_1(t) + V_1(t)[A_{11}(t) - A_{12}(t)A_{22}^{-1}(t)A_{21}(t)] = -W_1(t)$$

即上式有解 $V_1(t) > 0$. 由引理 3.1.1 知 $A_{11}(t) - A_{12}(t)A_{22}^{-1}(t)A_{21}(t)$ 是渐近稳定的, 从而系统 (3.1.1) 是强渐近稳定的. □

## 3.4　广义 Riccati 方程与广义系统的能稳定性

### 3.4.1　Riccati 方程

在对系统 (3.1.1) 的能稳定性研究之后, 下面进一步探索系统的能稳定性, 为此我们针对系统 (3.1.1) 及 Lyapunov 方程 (3.2.1) 给出下述 Riccati 方程的定义.

**定义 3.4.1**　$E^\mathrm{T}\dot{V}(t)E + E^\mathrm{T}V(t)A(t) + A^\mathrm{T}(t)V(t)E + E^\mathrm{T}W(t)E$

$$-E^\mathrm{T}V(t)B(t)R^{-1}(t)B^\mathrm{T}(t)V(t)E = 0 \tag{3.4.1}$$

其中 $R(t) > 0,\ W(t) > 0$, 称式 (3.4.1) 为 Riccati 方程.

### 3.4.2　系统的能稳定性

**定义 3.4.2**　对于系统 (3.1.1), 如果存在状态反馈

$$u(t) = -K(t)x(t)$$

使得闭环系统

$$E\dot{x}(t) = (A(t) - B(t)K(t))x(t)$$

是强渐近稳定的, 则称系统 (3.1.1) 是能稳的.

**定理 3.4.1** 设系统 (3.1.1) 是一致正则且无脉冲, 则系统 (3.1.1) 能稳定性的充分必要条件为对于给定的矩阵 $W(t) > 0$, Riccati 方程 (3.4.1) 有半正定解 $V(t)$ 且满足

$$\text{rank}(E^{\mathrm{T}}V(t)E) = \text{rank}(E)$$

**证明** 充分性. 假设 Riccati 方程 (3.4.1) 有半正定解 $V(t)$, 取

$$u(t) = -R^{-1}(t)B^{\mathrm{T}}(t)V(t)Ex(t) \tag{3.4.2}$$

系统 (3.1.1) 可化为

$$E\dot{x}(t) = (A(t) - B(t)R^{-1}(t)B^{\mathrm{T}}(t)V(t)E)x(t) \tag{3.4.3}$$

而 Riccati 方程 (3.4.1) 可化为

$$
\begin{aligned}
& E^{\mathrm{T}}\dot{V}(t)E + E^{\mathrm{T}}V(t)(A(t) - B(t)R^{-1}(t)B^{\mathrm{T}}(t)V(t)E) \\
& + (A(t) - B(t)R^{-1}(t)B^{\mathrm{T}}(t)V(t)E)^{\mathrm{T}}V(t)E \\
= & -E^{\mathrm{T}}(W(t) + V(t)B(t)R^{-1}(t)B^{\mathrm{T}}(t)V(t))E
\end{aligned}
$$

其中 $R(t) > 0, W(t) > 0$.

显然, 上式为闭环系统 (3.4.3) 的 Lyapunov 方程, 由定理 3.3.1 可知系统 (3.4.3) 是无脉冲且渐近稳定的.

必要性. 假设系统 (3.1.1) 是能稳的, 即存在状态反馈矩阵 $K(t)$, 使闭环系统

$$E\dot{x}(t) = (A(t) - B(t)K(t))x(t) \tag{3.4.4}$$

是强渐近稳定的. 将系统 (3.4.4) 分解为

$$
\begin{pmatrix} I & 0 \\ 0 & 0 \end{pmatrix} \dot{x}(t) = \begin{pmatrix} A_{11}(t) & A_{12}(t) \\ A_{21}(t) & A_{22}(t) \end{pmatrix} x(t)
$$

则由定理 3.3.1 知, 系统 (3.4.4) 是强渐近稳定的充分必要条件为

$$
\begin{aligned}
& \dot{V}_1(t) + V_1(t)A_{11}(t)A_{11}^{\mathrm{T}}(t)V_1(t) + W_1(t) - [V_1(t)A_{12}(t)A_{22}^{-1}(t)A_{21}(t)]^{\mathrm{T}} \\
& + [V_1(t)A_{12}(t)A_{22}^{-1}(t)A_{21}(t)] = 0
\end{aligned}
$$

有正定解 $V_1(t)$, 而对应的 Riccati 方程为

$$
\begin{pmatrix} I & 0 \\ 0 & 0 \end{pmatrix} V(t) \begin{pmatrix} A_{11}(t) & A_{12}(t) \\ A_{21}(t) & A_{22}(t) \end{pmatrix} + \begin{pmatrix} A_{11}(t) & A_{12}(t) \\ A_{21}(t) & A_{22}(t) \end{pmatrix}^{\mathrm{T}} V(t) \begin{pmatrix} I & 0 \\ 0 & 0 \end{pmatrix}
$$

$$
+ \begin{pmatrix} I & 0 \\ 0 & 0 \end{pmatrix} W(t) \begin{pmatrix} I & 0 \\ 0 & 0 \end{pmatrix} - \begin{pmatrix} I & 0 \\ 0 & 0 \end{pmatrix} V(t) \begin{pmatrix} B_1(t) \\ B_2(t) \end{pmatrix} R^{-1}(t) \begin{pmatrix} B_1^{\mathrm{T}}(t) & B_2^{\mathrm{T}}(t) \end{pmatrix}
$$

$$
V(t) \begin{pmatrix} I & 0 \\ 0 & 0 \end{pmatrix} + \begin{pmatrix} I & 0 \\ 0 & 0 \end{pmatrix} \dot{V}(t) \begin{pmatrix} I & 0 \\ 0 & 0 \end{pmatrix} = 0
$$

再令 $V_2(t) = V_3(t) = 0$, 得

$$
\dot{V}_1(t) + V_1(t) A_{11}(t) + A_{11}^{\mathrm{T}}(t) V_1(t) + W_1(t) - V_1(t) B_1(t) R^{-1}(t) B_1^{\mathrm{T}}(t) V_1(t) = 0 \quad (3.4.5)
$$

这里

$$
V(t) = \begin{pmatrix} V_1(t) & V_2(t) \\ V_2^{\mathrm{T}}(t) & V_3(t) \end{pmatrix}, \quad W = \begin{pmatrix} W_1(t) & W_2(t) \\ W_2^{\mathrm{T}}(t) & W_3(t) \end{pmatrix}
$$

显然, 只要适当地选择 $W_1(t)$, 可使 $W_1(t) - V_1(t) B_1(t) R^{-1}(t) B_1^{\mathrm{T}}(t) V_1(t) > 0$, 所以 Lyapunov 方程 (3.4.5) 存在正定解 $V_1(t)$. 从而, Riccati 方程 (3.4.1) 有解 $V(t)$, 且满足

$$
\mathrm{rank}(E^{\mathrm{T}} V(t) E) = \mathrm{rank}(V_1(t)) = \mathrm{rank}(E) \qquad \qquad \Box
$$

从上面必要性的证明中可以看出, 定理 3.4.1 中的无脉冲条件可以去掉. 从而, 有下面的推论.

**推论 3.4.1**　设系统 (3.1.1) 是一致正则、能稳的, 则对于给定的矩阵 $W(t) > 0$, Riccati 方程 (3.4.1) 有半正定解 $V(t)$ 且满足

$$
\mathrm{rank}(E^{\mathrm{T}} V(t) E) = \mathrm{rank}(E)
$$

**证明**　由系统 (3.1.1) 的一致正则及能稳可知, 闭环系统 (3.4.4) 是强渐近稳定的, 经系统分解后得, Lyapunov 方程 (3.4.5) 有正定解 $V_1(t)$, 即 Riccati 方程 (3.4.1) 有解 $V(t)$, 且满足

$$
\mathrm{rank}(E^{\mathrm{T}} V(t) E) = \mathrm{rank}(V_1(t)) = \mathrm{rank}(E) \qquad \qquad \Box
$$

## 3.5　应用算例

**例 3.5.1**　在系统 (3.1.1) 中, 取周期 $T = 10$, 且当 $1 \leqslant t \leqslant 11$ 时, 矩阵 $E, A(t)$

的表达式如下

$$E = \begin{pmatrix} 1 & 0 & 0 & 0 \\ 0 & 1 & 0 & 0 \\ 0 & 0 & 0 & 0 \\ 0 & 0 & 0 & 0 \end{pmatrix}, \quad A(t) = \begin{pmatrix} -t^2 & t+1 & t+2 & 0 \\ 0 & -(t^2+1) & 0 & 0 \\ 0 & 0 & -(t^2+2) & 0 \\ 0 & 0 & 0 & \dfrac{-1}{t^2+2} \end{pmatrix} \quad (3.5.1)$$

这里

$$A_{11}(t) = \begin{pmatrix} -t^2 & t+1 \\ 0 & -(t^2+1) \end{pmatrix}, \quad A_{22}(t) = \begin{pmatrix} -(t^2+2) & 0 \\ 0 & -\dfrac{1}{t^2+2} \end{pmatrix}$$

$$A_{12}(t) = \begin{pmatrix} t+2 & 0 \\ 0 & 0 \end{pmatrix}, \quad A_{21}(t) = \begin{pmatrix} 0 & 0 \\ 0 & 0 \end{pmatrix}$$

由于 $\det(E - A(t)) = (t^2+1)(t^2+2)(t^2+3)\left(\dfrac{1}{t^2+2}+1\right) \neq 0$, $A_{22}(t)$ 可逆, 所以系统 (3.5.1) 是一致正则的, 且无脉冲.

求得此方程的解为

$$x(t) = \begin{pmatrix} x_{10} \\ x_{20} \\ x_{30} \\ x_{40} \end{pmatrix} = \begin{pmatrix} c_2 \mathrm{e}^{-\frac{1}{3}t^3} - c_1 t \mathrm{e}^{-(\frac{1}{3}t^3 + t)} \\ c_1 t \mathrm{e}^{-(\frac{1}{3}t^3 + t)} \\ 0 \\ 0 \end{pmatrix}, \quad \text{并且有} \lim_{t \to +\infty} x(t) = 0, \text{因}$$

此, 系统 (3.5.1) 是强渐近稳定的. 而系统 (3.5.1) 对应的 Lyapunov 方程为

$$\dot{V}_1(t) + V_1(t)\begin{pmatrix} -t^2 & 0 \\ 0 & -(t^2+1) \end{pmatrix} + \begin{pmatrix} -t^2 & 0 \\ 0 & -(t^2+1) \end{pmatrix}V_1(t) = -\begin{pmatrix} t^2 & 0 \\ 0 & t^2\mathrm{e}^{-t} \end{pmatrix}$$

$$V_2(t) = -V_1(t)A_{12}(t)A_{22}^{-1}(t)$$

经计算得

$$V_1 = \begin{pmatrix} -\dfrac{1}{2} + c_1 \mathrm{e}^{-\frac{2}{3}t^3} & c_2 \mathrm{e}^{-(\frac{1}{3}t^3 + t)} \\ c_2 \mathrm{e}^{-(\frac{1}{3}t^3 + t)} & -\dfrac{1}{2}\mathrm{e}^{-t} + c_3 \mathrm{e}^{-(\frac{2}{3}t^3 + t)} \end{pmatrix},$$

$$V_2 = \begin{pmatrix} \dfrac{t+2}{t^2+2}\left(-\dfrac{1}{2} + c_1 \mathrm{e}^{-\frac{2}{3}t^3}\right) & 0 \\ c_2 \dfrac{t+2}{t^2+2}\mathrm{e}^{-(\frac{1}{3}t^3 + t)} & 0 \end{pmatrix},$$

$V_3$ 任取.

从而, 得到对称的矩阵

$$V = \begin{pmatrix} V_1 & V_2 \\ V_2^{\mathrm{T}} & V_3 \end{pmatrix}$$

满足

$$E^{\mathrm{T}}VE = \begin{pmatrix} V_1 & 0 \\ 0 & 0 \end{pmatrix} \geqslant 0, \quad \mathrm{rank}(E^{\mathrm{T}}VE) = \mathrm{rank}(V_1) = \mathrm{rank}(E)$$

**例 3.5.2**    在系统 (3.1.1) 中, 取周期 $T = 10$, 且当 $1 \leqslant t \leqslant 11$ 时, 矩阵 $E, A(t), B(t)$ 的表达式如下

$$E = \begin{pmatrix} 1 & 0 \\ 0 & 0 \end{pmatrix}, \quad A(t) = \begin{pmatrix} t^2 & t \\ 0 & t^2+1 \end{pmatrix}, \quad B(t) = \begin{pmatrix} t \\ 0 \end{pmatrix} \tag{3.5.2}$$

显然, 系统 (3.5.2) 一致正则且无脉冲. 但系统不稳定, 因为当 $u(t) = 0$ 时系统的解为

$$x(t) = \begin{pmatrix} ce^{\frac{1}{3}t^3} \\ 0 \end{pmatrix}, \quad \lim_{t \to +\infty} x(t) \neq 0$$

将系统 (3.5.2) 代入 Riccati 方程 (3.4.1) 得

$$\begin{cases} \dot{v}_1(t) + 2t^2 v_1(t) - t^2 v_1(t) = -w_1(t) \\ tv_1(t) + (t^2+1)v_2(t) = 0 \end{cases} \tag{3.5.3}$$

这里

$$V(t) = \begin{pmatrix} v_1 & v_2 \\ v_2 & v_3 \end{pmatrix}, \quad W(t) = \begin{pmatrix} w_1 & 0 \\ 0 & w_2 \end{pmatrix} > 0, \quad R(t) = \begin{pmatrix} 1 & 0 \\ 0 & 1 \end{pmatrix}$$

若令 $w_1 = t^2 v_1^2$, $w_2 = t^2 v_2^2$, 则得方程 (3.5.3) 的解为

$$V(t) = \begin{pmatrix} e^{\frac{2}{3}t^3} & \frac{t}{t^2+1}e^{\frac{2}{3}t^3} \\ \frac{t}{t^2+1}e^{\frac{2}{3}t^3} & e^{\frac{2}{3}t^3}+1 \end{pmatrix} > 0$$

取 $u(t) = -R^{-1}(t)B^{\mathrm{T}}(t)V(t)Ex(t)$, 得闭环系统

$$\begin{pmatrix} \dot{x}_1(t) \\ 0 \end{pmatrix} = \begin{pmatrix} t^2 - t^2 e^{\frac{2}{3}t^3} & t \\ 0 & t^2+1 \end{pmatrix} \begin{pmatrix} x_1(t) \\ x_2(t) \end{pmatrix} \tag{3.5.4}$$

系统 (3.5.4) 的解为

$$x(t) = \begin{pmatrix} e^{\frac{1}{3}t^3} - \frac{1}{2}e^{\frac{2}{3}t^3} \\ 0 \end{pmatrix}$$

显然, 系统 (3.5.2) 无脉冲且渐近稳定.

**例 3.5.3** 在广义周期系统 (3.4.1) 中, 取周期 $T = 10$, 当 $1 < t < 11$ 时

$$E = \begin{pmatrix} 1 & 0 & 0 & 0 \\ 0 & 1 & 0 & 0 \\ 0 & 0 & 0 & 0 \\ 0 & 0 & 0 & 0 \end{pmatrix}, \quad A(t) = \begin{pmatrix} -t & 0 & 0 & 0 \\ t & -t & 0 & 0 \\ 0 & 0 & t & 0 \\ 0 & 0 & 0 & t \end{pmatrix}$$

由于

$$\det\left(A(t)\right) = t^4 \neq 0$$
$$\det\left(\lambda I - A_1(t)\right) = (\lambda + t)^2$$
$$N(t) = 0$$

所以系统是正则、稳定、无脉冲的.

经计算广义 Lyapunov 不等式得

$$V(t) = \begin{pmatrix} 4t & \dfrac{3}{8}t & 0 & 0 \\[2mm] \dfrac{3}{8}t & \dfrac{1}{2}t & 0 & 0 \\[2mm] 0 & 0 & 0 & 0 \\[2mm] -t & -t & 0 & -t \end{pmatrix}$$

满足

$$A^{\mathrm{T}}(t)V(t) + V^{\mathrm{T}}(t)A(t) + E^{\mathrm{T}}\dot{V}(t) < 0$$
$$E^{\mathrm{T}}V(t) = V^{\mathrm{T}}(t)E \geqslant 0$$

# 第4章  广义连续周期系统的能控性分析

脉冲行为是广义系统区别于正常系统的一个重要特征, 脉冲的出现往往导致系统不能正常运行或损坏, 因此必须想办法消除脉冲, 而脉冲能控是广义系统消除脉冲的重要条件. 对于线性定常广义系统的脉冲能控性理论已经相当完备, 因此下面将重点讨论广义连续周期系统的脉冲能控性和 R 能控性.

## 4.1  脉 冲 能 控

### 4.1.1  系统描述与预备知识

考虑如下线性周期广义系统

$$E(t)\dot{x} = A(t)x + f(t)$$
$$y = C(t)x \tag{4.1.1}$$

当 $f(t) = B(t)u(t)$ 时, 系统 (4.1.1) 是带有控制项的周期系统

$$E(t)\dot{x} = A(t)x + B(t)u$$
$$y = C(t)x \tag{4.1.2}$$

其中 $x \in \mathbf{R}^n$ 是系统的状态变量; $u \in \mathbf{R}^m$ 是系统的控制输入; $y \in \mathbf{R}^r$ 是系统的输出, $E(t) \in \mathbf{R}^{n \times n}$, $A(t) \in \mathbf{R}^{n \times n}$, $B(t) \in \mathbf{R}^{n \times m}$, $C(t) \in \mathbf{R}^{r \times n}$ 是 $T$ 周期矩阵, 即

$$E(t+T) = E(t), \quad A(t+T) = A(t), \quad B(t+T) = B(t), \quad C(t+T) = C(t),$$

此外, $E(t)$ 是奇异的、可变秩的矩阵.

对于系统 (4.1.1), 我们给出如下定义.

**定义 4.1.1**  系统 (4.1.1) 在 $[0, T]$ 上称为解析可解的, 如果对于充分光滑的解析函数矩阵 $E(t)$, $A(t)$ 和解析函数 $f(t)$, 存在一个光滑解 $x$, 并对于任意的 $t_0 \in [0, T]$, $x$ 可由 $x(t_0) = x_0$ 所唯一确定.

在定义 4.1.1 下, 系统 (4.1.1) 可进行下述分解:

**引理 4.1.1**  设系统 (4.1.1) 是解析可解的, 则一定存在解析的坐标变换 $x = Q(t)z$ 及乘子 $P(t)$ 使得系统 (4.1.1) 受限等价于

$$\dot{z}_1 = A_1(t)z_1 + f_1(t) \tag{4.1.3a}$$

$$N(t)\dot{z}_2 = z_2 + f_2(t) \tag{4.1.3b}$$

进一步, 系统 (4.1.1) 通过一个坐标变换可化为更为简单的形式

$$\dot{z}_1 = f_1(t) \tag{4.1.4a}$$
$$N(t)\dot{z}_2 = z_2 + f_2(t) \tag{4.1.4b}$$

相应地, 系统 (4.1.2) 也有如下分解

$$\dot{z}_1 = A_1(t)z_1 + B_1(t)u \tag{4.1.5a}$$
$$N(t)\dot{z}_2 = z_2 + B_2(t)u \tag{4.1.5b}$$

对于系统 (4.1.5), 我们都知道系统 (4.1.5a) 是完全能控的充分必要条件为 $(\Phi(T, 0), W(T, 0))$ 是能控的, 其中 $\Phi(T, 0)$ 和 $W(T, 0)$ 分别是矩阵 $A_1(t)$ 和 $(A_1(t), B_1(t))$ 的单值矩阵和 Gramian 矩阵. 由于系统的脉冲特性体现在系统 (4.1.5b) 中, 为此我们利用系统 (4.1.5b) 给出 I 能控的定义.

**定义 4.1.2** 系统 (4.1.5b) 称为脉冲能控的, 如果对于 $\forall t \in \mathbf{R}$, $w \in \mathbf{R}^{n-r}$, 一定存在控制 $u$, 使得 (4.1.5b) 的强迫响应在 $t_0$ 处有脉冲, 且等于 $\sum_{i=1}^{n-r} \alpha_i \delta_{t_0}^{(i)} w$. 如果系统 (4.1.5b) 是脉冲能控的, 也称系统 (4.1.2) 是 I 能控的 (脉冲能控的).

### 4.1.2 系统的算子表达式

为了更直接研究系统的 I 能控性, 我们需要刻画状态变量 $z_2$, 即解空间 $G(t) = \{(0, z_2)\}$. 若系统 (4.1.1) 至少可进行 $k$ 次微分, 则称 $k$ 为系统 (4.1.1) 的指数, 这样当系统 (4.1.1) 具有指数 $k$ 时可产生 $(k+1)n$ 个线性方程

$$\varepsilon_k x_{k+1} = A_k x + f_k \tag{4.1.6}$$

这里, $\varepsilon_k$ 和 $A_k$ 是将系统 (4.1.1) $k$ 次微分后产生的 $(k+1)n$ 个线性方程的系数矩阵,

$$x_k = \begin{pmatrix} \dot{x} \\ \ddot{x} \\ \vdots \\ x^{(k+1)} \end{pmatrix}, \quad f_k = \begin{pmatrix} f(t) \\ \dot{f}(t) \\ \vdots \\ f^{(k)}(t) \end{pmatrix}$$

对于 $\varepsilon_k$ 一定存在可逆的周期矩阵 $R(t)$ 使得

$$R(t)\varepsilon_k = \begin{pmatrix} I_{n\times n} & * \\ O & * \end{pmatrix}$$

我们将 $R(t)$ 的前 $n$ 行记为 $(R_0, R_1, \cdots, R_k,)$, 则有

$$\dot{x} = H(t)x + \sum_{i=0}^{k} R_i(t)D^i f(t) \tag{4.1.7}$$

或

$$(D - H(t))x = \sum_{i=0}^{k} R_i(t)D^i f(t) \tag{4.1.8}$$

这里 $H(t) = (R_0, R_1, \cdots, R_k) A_k$, $D^i f(t) = f^{(i)}(t)$, $D$ 为微分算子.

**定义 4.1.3**    对于系统 (4.1.1), 如果存在指数 $k$ 使得系统 (4.1.1) 可化为算子表达式 (4.1.7), 则称式 (4.1.7) 为系统 (4.1.1) 的算子表达式.

从而, 我们有下面的引理.

**引理 4.1.2**    设系统 (4.1.1) 是解析可解的, 其指数为 $k$, 算子表达式为

$$(D - H(t))x = \sum_{i=0}^{k} R_i(t)D^i f(t) \tag{4.1.9}$$

则系统 (4.1.1) 在光滑周期坐标变换 $x = Q(t)z$ 下, 新系统的算子表达式为

$$(D + Q^{-1}(\dot{Q} - H(t)Q))z = \sum_{i=0} Q^{-1}R_i(t)D^i f(t) \tag{4.1.10}$$

**证明**    将 $x = Q(t)z$ 代入式 (4.1.9) 得

$$[D - H(t)]\,Qz = D(Qz) - H(t)Qz = Q(Dz) + (DQ)z - H(t)Qz$$
$$= Q(Dz) + \dot{Q}z - H(t)Qz = \left[QD + \dot{Q} - H(t)Q\right]z$$
$$= Q\left[D + Q^{-1}(\dot{Q} - H(t)Q)\right]z$$

从而有

$$(D + Q^{-1}(\dot{Q} - H(t)Q))z = \sum_{i=0} Q^{-1}R_i(t)D^i f(t)$$

显然, 从引理 4.1.2 知, 变换前后系统的算子表达式之间有下述关系

$$\tilde{G} = Q^{-1}(\dot{Q} - HQ), \quad \tilde{R}_i = Q^{-1}R_i \qquad\qquad \square$$

### 4.1.3    脉冲能控性

广义系统的主要特征之一为脉冲行为, 而系统 (4.1.2) 的脉冲特点主要体现在子系统 (4.1.5b) 上. 下面, 我们在系统 (4.1.1) 的算子表达式的基础上, 建立一个幂

等变换, 使得变换后的向量空间为 $G(t) = \{(0, z_2)\}$. 在此基础上, 将得到系统 I 能控的直接特征.

**定理 4.1.1** 设系统 (4.1.1) 是解析可解的, 其指数为 $k$, 算子表达式为式 (4.1.9), 则一定存在唯一的周期幂等变换 $\hat{R}(t)$, 使得

(1) $I_m(\hat{R}(t)) = G(t)$, 这里, $G(t) = \{(0, z_2)\}$, $\forall t \in [0, T]$;

(2) $(D - H(t))$ 与 $\hat{R}(t)$ 可交换;

(3) $\hat{R}(t) \sum\limits_{i=0} R_i(t) D^i = \hat{R}(t) R_0(t)$.

**证明** 首先证明 $\hat{R}(t)$ 的存在性.

由引理 4.1.2 知, 当系统 (4.1.1) 作周期的线性变换 $x = Q(t)z$ 后, 其算子表达式为

$$Q^{-1}(D - H)Qz = Q^{-1} \sum_{i=0} R_i(t) D^i f(t)$$

显然, 建立在两个不同算子表达式上的线性变换之间存在着相似关系, 即变换后系统的线性变换为 $Q^{-1}\hat{R}(t)Q$.

现在, 我们将系统 (4.1.1) 化为式 (4.1.8) 的形式, 则式 (4.1.8) 的算子表达式为

$$\dot{z}_1 = \tilde{f}_1(t) \tag{4.1.11a}$$

$$\dot{z}_2 = \sum_{i=0}^{r} K_i(t) D^i \tilde{f} \tag{4.1.11b}$$

这里, 算子 $\sum\limits_{i=0}^{r} K_i(t) D^i$ 是可逆的, 其逆为 $ND + I$, 即

$$\sum_{i=0}^{r} K_i(t) D^i (ND + I) = I$$

从而, $K_0 = I$.

显然, 算子表达式 (4.1.11) 的幂等变换为

$$\begin{pmatrix} O & O \\ O & I \end{pmatrix}$$

从而系统 (4.1.1) 的幂等变换为

$$\hat{R}(t) = Q \begin{pmatrix} I & O \\ O & O \end{pmatrix} Q^{-1}$$

因此 $\hat{R}(t)$ 存在.

下面证明唯一性, 假设 $\hat{R}(t), \tilde{R}(t)$ 均为系统 (4.1.1) 的幂等变换, 则由定理 4.1.1 中的条件 (1) 知

$$Q^{-1}\tilde{R}(t)Q = \begin{pmatrix} O & O \\ \Theta & I \end{pmatrix}$$

其中 $\Theta$ 是表达式 $Q^{-1}\tilde{R}(t)Q$ 进行适当的分块后对应于左下角的矩阵.

再由定理 4.1.1 中的性质 (2) 和 (3) 知

$$\begin{pmatrix} O & O \\ \Theta & I \end{pmatrix} \begin{pmatrix} I & O \\ O & \sum_{i=0}^{r} K_i D_i \end{pmatrix} = \begin{pmatrix} O & O \\ \Theta & I \end{pmatrix} \begin{pmatrix} O & O \\ O & I \end{pmatrix}$$

即 $\Theta I = 0$, 则 $\Theta = 0$, 即 $\tilde{R}(t) = \hat{R}(t)$, 从而, 定理得证. □

而定理 4.1.1 中的 $\hat{R}(t)$ 即为系统 (4.1.1) 的幂等变换. 于是由定理 4.1.1 立即得出系统 I 能控的直接特征.

**定理 4.1.2**　设系统 (4.1.2) 解析可解, 则下面的结论是等价的

(1) 系统 (4.1.2) 是 I 能控的;

(2) $\dot{z} = H(t)z + \hat{R}(t)R_0(t)B(t)u$ 是完全能控的;

(3) $\text{rank}\,([\Phi(T, 0) - \lambda I, W(T, 0)]) = n, \lambda \in \mathbf{C}$

这里, $\Phi(T, 0)$ 是矩阵 $H(t)$ 的单值矩阵, 而 $W(T, 0)$ 是矩阵 $\left[H(t),\ \hat{R}(t)R_0(t)B(t)\right]$ 的 Gramian 矩阵.

**证明**　由定理 4.1.1 知, 系统 (4.1.2) 的幂等变换 $\hat{R}(t)$ 是存在的. 将系统 (4.1.2) 写成算子表达式

$$(D - G)x = \sum_{i=0}^{r} R_i D^i(B(t)u) \tag{4.1.12}$$

将 $\hat{R}(t)$ 作用到式 (4.1.12) 上, 得

$$\hat{R}(t)(D - H)x = \hat{R} \sum_{i=0}^{r} R_i(t) D^i(B(t)u)$$

$$(D - H)\hat{R}x = \hat{R} \sum_{i=0}^{r} R_i(t) D^i(B(t)u)$$

$$\dot{z} = H(t)z + \hat{R}(t)R_0(t)B(t)u \tag{4.1.13}$$

则由定理 4.1.1 知, 系统 (4.1.2) 的 I 能控性与系统 (4.1.13) 完全能控性是一致的, 而系统 (4.1.14) 完全能控的充要条件为

$$\text{rank}\,([\Phi(T, 0) - \lambda I, W(T, 0)]) = n, \quad \lambda \in \mathbf{C}$$

其中 $\Phi(T, 0)$ 是矩阵 $H(t)$ 的单值矩阵, $W(T, 0)$ 是矩阵 $\left[H(t),\ \hat{R}(t)R_0(t)B(t)\right]$ 的 Gramian 矩阵, 于是定理得证. □

## 4.2  R 能 控 性

广义系统的 R 能控性主要体现在子系统 (4.1.5a) 上. 下面, 我们在系统 (4.1.1) 的算子表达式的基础上, 建立一个幂等变换, 使得变换后的向量空间为 $G(t) = \{(z_1, 0)\}$. 在此基础上, 将得到系统 R 能控的直接特征.

**定义 4.2.1**  设广义周期系统 4.1.2 是解析可解的, 则系统是 R 能控的, 如果当其转化为子系统 (4.1.5a), (4.1.5b) 时, 子系统 (4.1.5a) 是完全能控的.

子系统 (4.1.3a) 完全能控意味着对于任给 $z_{11}, z_{12}$, 有时间区间 $[t_1, t_2]$, 以及在 $[t_1, t_2]$ 上的控制 $u(t)$, 使得系统 (4.1.3a) 从 $t = t_1$ 时刻的状态 $z_{11}$ 到 $t = t_2$ 时刻的状态 $z_{12}$.

**定理 4.2.1**  设系统 (4.1.1) 是解析可解的, 其指数为 $k$, 算子表达式为式 (4.1.9), 则一定存在唯一的周期幂等变换 $\tilde{R}(t)$, 使得

(1) $I_m(\tilde{R}(t)) = G(t)$, 这里, $G(t) = \{(z_1, 0)\}$, $\forall t \in [0, T]$;

(2) $(D - H(t))$ 与 $\tilde{R}(t)$ 可交换;

(3) $\tilde{R}(t) \sum\limits_{i=0} R_i(t) D^i = \tilde{R}(t) R_0(t)$.

**证明**  首先证明 $\tilde{R}(t)$ 的存在性.

由引理 4.1.2 知, 当系统 (4.1.1) 作周期的线性变换 $x = Q(t)z$ 后, 其算子表达式为

$$Q^{-1}(D - H)Qz = Q^{-1} \sum_{i=0} R_i(t) D^i f(t)$$

显然, 建立在两个不同算子表达式上的线性变换之间存在着相似关系, 即变换后系统的线性变换为 $Q^{-1}\tilde{R}(t)Q$.

现在, 我们将系统 (4.1.1) 化为式 (4.1.8) 的形式, 则式 (4.1.8) 的算子表达式为

$$\dot{z}_1 = \tilde{f}_1(t) \tag{4.2.1a}$$

$$\dot{z}_2 = \sum_{i=0}^{r} K_i(t) D^i \tilde{f} \tag{4.2.1b}$$

这里, 算子 $\sum\limits_{i=0}^{r} K_i(t) D^i$ 是可逆的, 其逆为 $ND + I$, 即

$$\sum_{i=0}^{r} K_i(t) D^i (ND + I) = I$$

从而, $K_0 = I$

显然, 算子表达式 (4.2.1) 的幂等变换为

$$\begin{pmatrix} I & O \\ O & O \end{pmatrix}$$

从而系统 (4.1.1) 的幂等变换为

$$\tilde{R}(t) = Q \begin{pmatrix} I & O \\ O & O \end{pmatrix} Q^{-1}$$

因此 $\tilde{R}(t)$ 存在.

下面证明唯一性, 假设 $\tilde{R}(t), \bar{R}(t)$ 均为系统 (4.1.1) 的幂等变换, 则由定理 4.1.1 中的条件 (1) 知

$$Q^{-1}\bar{R}(t)Q = \begin{pmatrix} I & \Theta \\ O & O \end{pmatrix}$$

其中 $\Theta$ 是表达式 $Q^{-1}\tilde{R}(t)Q$ 进行适当的分块后对应于左下角的矩阵.

再由定理 4.1.1 中的性质 (2), (3) 知

$$\begin{pmatrix} I & \Theta \\ O & O \end{pmatrix} \begin{pmatrix} I & O \\ O & \sum_{i=0}^{r} K_i D_i \end{pmatrix} = \begin{pmatrix} I & \Theta \\ O & O \end{pmatrix} \begin{pmatrix} I & O \\ O & O \end{pmatrix}$$

即 $\Theta I = 0$, 则 $\Theta = 0$, 即 $\tilde{R}(t) = \bar{R}(t)$, 从而, 定理得证. □

而定理 4.1.1 中的 $\bar{R}(t)$ 即为系统 (4.1.1) 的幂等变换. 于是由定理 4.1.1 立即得出系统 I 能控的直接特征.

**定理 4.2.2**　设系统 (4.1.2) 解析可解, 则下面的结论是等价的

(1) 系统 (4.1.2) 是 R 能控的;

(2) $\dot{z} = H(t)z + \bar{R}(t)R_0(t)B(t)u$ 是完全能控的;

(3) $\text{rank}\left([\Phi(T, 0) - \lambda I, W(T, 0)]\right) = n, \lambda \in \mathbf{C}$,

这里, $\Phi(T, 0)$ 是矩阵 $H(t)$ 的单值矩阵, 而 $W(T, 0)$ 是矩阵 $(H(t), \bar{R}(t)R_0(t)B(t))$ 的 Gramian 矩阵.

**证明**　由定理 4.2.1 知, 系统 (4.1.2) 的幂等变换 $\bar{R}(t)$ 是存在的. 将系统 (4.1.2) 写成算子表达式

$$(D - G)x = \sum_{i=0}^{r} R_i D^i (B(t)u) \tag{4.2.2}$$

将 $\bar{R}(t)$ 作用到式 (4.2.2) 上, 得

$$\bar{R}(t)(D - H)x = \bar{R} \sum_{i=0}^{r} R_i(t) D^i (B(t)u)$$

$$(D - H)\bar{R}x = \bar{R} \sum_{i=0}^{r} R_i(t) D^i (B(t)u)$$

$$\dot{z} = H(t)z + \bar{R}(t) R_0(t) B(t)u \qquad (4.2.3)$$

则由定理 4.2.1 知, 系统 (4.1.2) 的 R 能控性与系统 (4.2.3) 完全能控性是一致的, 而系统 (4.2.3) 完全能控的充要条件为

$$\text{rank} \left( [\Phi(T, 0) - \lambda I, W(T, 0)] \right) = n, \quad \lambda \in \mathbf{C}$$

其中 $\Phi(T, 0)$ 是矩阵 $H(t)$ 的单值矩阵, $W(T, 0)$ 是矩阵 $(H(t), \bar{R}(t) R_0(t) B(t))$ 的 Gramian 矩阵, 于是定理得证. $\qquad\qquad\square$

## 4.3　系统的渐近稳定性

系统 (4.1.2) 的稳定性, 通常指的是系统 (4.1.6a) 的渐近稳定性, 而系统 (4.1.6a) 的稳定性可由下述引理来刻画.

**引理 4.3.1**　系统 (4.1.6a) 稳定的充分必要条件为

$$|\lambda [\Phi(T, 0)]| < 1$$

这里, $\Phi(T, 0)$ 是系统的单值矩阵.

类似于定理 4.1.1, 我们在系统 (4.1.1) 的算子表达式的基础上, 建立一个有界的线性变换, 使得变换后的向量空间为 $G(t) = \{(z_1, 0)\}$, 从而得到类似的定理.

**定理 4.3.1**　设系统 (4.1.2) 是解析可解的, 算子表达式为式 (4.1.10), 则存在唯一的幂等变换 $\bar{R}(t)$ 使得

(1) $I_m(\bar{R}(t)) = G(t)$, 这里, $G(t) = \{(z_1, 0)\}$;

(2) $(D - H(t))$ 与 $\bar{R}(t)$ 可交换;

(3) $\bar{R} \sum_{i=0} R_i D^i = \bar{R} R_0$;

(4) $\|\bar{R}(t)\| < r$, 其中, $r$ 是一常数, $\|\cdot\|$ 是矩阵的谱范数.

**证明**　此定理的前三个结论的证明类似于定理 4.1.1, 只需将式 (4.1.8) 的幂等变换取为

$$\begin{bmatrix} I & O \\ O & O \end{bmatrix}$$

即可.

下面证明

$$\|\bar{R}(t)\| < r$$

由于

$$\bar{R}(t) = Q \begin{pmatrix} I & O \\ O & O \end{pmatrix} Q^{-1}, \quad \left\| \begin{bmatrix} I & O \\ O & O \end{bmatrix} \right\| = 1$$

所以一定存在常数 $r$, 使得

$$\left\| \bar{R}(t) \right\| < r$$

于是定理得证.                                                              □

有了上述幂等变换, 可立即得出系统稳定的性质.

**定理 4.3.2**    设系统 (4.1.2) 解析可解, 则下述结论是等价的

(1) 系统 (4.1.2) 是渐近稳定的;

(2) 周期系统 $\dot{z} = H(t)z + \bar{R}(t)R_0(t)B(t)u$ 是渐近稳定的;

(3) $\lambda \left[ \bar{\Phi}(T, 0) \right] < 1$,

其中 $\bar{\Phi}(T, 0)$ 是 $H(t)$ 的单值矩阵.

此定理的证明方法类似于定理 4.1.2, 证明略.

# 第5章 广义连续周期系统的允许性

稳定性是控制系统的一个重要特征, 稳定性的研究受到了许多学者的重视. 目前对于稳定性研究主要采用的是 Lyapunov 方法, Lyapunov 方法在控制系统的研究中起着非常重要的作用, 并且已经成为研究正常系统比较成熟的方法. 近年来, 很多的研究者正试图将这种方法推广到广义系统中. 由于广义系统具有一些特殊的性质, 例如, 正则性、脉冲性等, 因此 Lyapunov 方法的形式是多种多样的. Lewis 给出了第一个研究广义系统的 Lyapunov 方程, 紧接着 Takaba 把这一结果进一步推广, 使其形式更接近于正常系统的 Lyapunov 方程. 张庆灵利用 Lyapunov 方程研究了广义系统的结构稳定性. Masubuchi 等提出了 Lyapunov 不等式, 并且根据 Lyapunov 不等式来研究 $H_\infty$ 控制问题. 但是, 上述这些方法只是用来处理定常的广义系统, 而研究广义周期系统的结果却很少. 近三十年来, 随着周期系统在实际中的广泛应用, 很多学者开始研究周期系统的稳定性问题. Bolzern 建立了正常周期 Lyapunov 方程, 并讨论了周期系统的稳定性. Bittanti 又建立了周期 Lyapunov 不等式和 Riccati 方程, 并给出了正常周期系统稳定的充要条件. 随着研究的不断深入, 针对广义周期时变系统的稳定性研究已成了必然的发展趋势.

广义周期系统是一类重要的广义时变系统, 由于它自身具有周期性, 使得近几年来的研究取得了一些成果. Campbell 和 Petzold 通过一个解析的坐标变换, 将解析可解的时变广义系统化为规范标准形. Campbell 和 Terrell 研究了广义时变系统的可观性和可控性. Takara 利用矩阵不等式给出了系统矩阵为定常矩阵的广义系统鲁棒 $H_2$ 控制的充分条件. 苏晓明利用矩阵不等式讨论了广义周期系统的正则性和脉冲性以及渐近稳定性. 但是对于衡量一个控制系统性能优劣的一个基本标准 —— 允许性还没有解决. 除此之外, 如何寻找一个控制器使得广义周期时变系统闭环允许, 也是亟待需要解决的问题.

本章将在以往研究成果的基础上进一步研究广义周期时变系统的允许性, 通过建立 Lyapunov 不等式, 得到系统允许的充要条件. 之后, 又研究了广义周期时变系统的二次允许性, 利用矩阵不等式方法得到系统二次允许性的充要条件, 并设计了状态反馈控制器使闭环系统允许. 算例说明本书的研究结果符合实际, 且比较简单.

# 5.1　允许性分析

考虑如下广义周期系统

$$E\dot{x}(t) = A(t)x(t) + B(t)u(t)$$
$$y(t) = C(t)x(t)$$

(5.1.1)

其中, $x(t) \in \mathbf{R}^n$ 是系统的状态变量, $u(t) \in \mathbf{R}^m$ 是系统的控制输入, $A(t)$, $B(t)$, $C(t)$ 是具有适当维数的解析函数矩阵, $\mathrm{rank}E = q < n$, 且 $A(t+T) = A(t)$, $B(t+T) = B(t)$, $C(t+T) = C(t)$.

**定义 5.1.1**　对于系统 (5.1.1), 如果存在常数 $s$, 使得

$$\det(sE - A(t)) \neq 0, \quad \forall t$$

则称系统 (5.1.1) 是一致正则的.

由定义 5.1.1 知, 系统 (5.1.1) 的一致正则与 Campbell 意义下的解析可解性是等价的.

**引理 5.1.1**　正常周期时变系统

$$\dot{x}(t) = A(t)x(t) + B(t)u(t)$$

是渐近稳定的充分必要条件为对于给定的矩阵 $Q(t) > 0$, Lyapunov 方程

$$\dot{P}(t) + P(t)A(t) + A^{\mathrm{T}}(t)P(t) = -Q(t)$$

有唯一的正定解.

**引理 5.1.2**　若系统 (5.1.1) 是解析可解的, 则一定存在解析的可逆矩阵 $P(t) \in \mathbf{R}^{n \times n}$, $Q(t) \in \mathbf{R}^{n \times n}$, 通过下述变换将系统 (5.1.1) 化为规范标准形 (SCF), 即

$$P(t)E(t)Q(t) = \begin{pmatrix} I & 0 \\ 0 & N(t) \end{pmatrix}, \quad P(t)A(t)Q(t) = \begin{pmatrix} A_1(t) & 0 \\ 0 & I \end{pmatrix}$$

$$P(t)B(t) = \begin{pmatrix} B_1(t) \\ B_2(t) \end{pmatrix}, \quad C(t)Q(t) = \begin{pmatrix} C_1(t) & C_2(t) \end{pmatrix}$$

$$Q^{-1}(t)x(t) = \begin{pmatrix} x_1(t) \\ x_2(t) \end{pmatrix}, \quad D(t) = D_1(t) + D_2(t)$$

$$y_1(t) = C_1(t)x_1(t) + D_1(t)u(t), \quad y_2(t) = C_2(t)x_2(t) + D_2(t)u(t)$$

其中 $N(t)$ 是幂零矩阵, 各块均具有相应的阶数.

由引理 5.1.2 可以看出, 系统 (5.1.1) 无脉冲的充要条件是 $N(t) = 0$.

**定义 5.1.2** 系统 (5.1.1) 称为渐近稳定的, 如果它的子系统

$$\dot{x}_1(t) = A_1(t)x_1(t) + B_1(t)u(t)$$

是渐近稳定的.

有了定义 5.1.2 和引理 5.1.2 后, 接下来讨论系统 (5.1.1) 的允许性, 首先给出允许性的定义.

**定义 5.1.3** 如果系统 (5.1.1) 是正则、渐近稳定、无脉冲的, 则称系统 (5.1.1) 是允许的.

**定理 5.1.1** 设广义周期系统 (5.1.1) 解析可解, 则系统 (5.1.1) 是允许的充要条件是 Lyapunov 不等式

$$\begin{cases} A^{\mathrm{T}}(t)V(t) + V^{\mathrm{T}}(t)A(t) + E^{\mathrm{T}}\dot{V}(t) < 0 \\ E^{\mathrm{T}}V(t) = V^{\mathrm{T}}(t)E \geqslant 0 \end{cases} \tag{5.1.2}$$

有解.

**证明 必要性** 由于系统 (5.1.1) 解析可解, 且正则、渐近稳定、无脉冲, 则一定存在可逆矩阵 $P(t)$ 和 $Q(t)$ 使得

$$P(t)EQ(t) = \begin{pmatrix} I & 0 \\ 0 & 0 \end{pmatrix}, \quad P(t)A(t)Q(t) = \begin{pmatrix} A_1(t) & 0 \\ 0 & I \end{pmatrix}$$

作 Lyapunov 函数

$$\begin{aligned} V(t) =& V(Ex(t)) = x^{\mathrm{T}}(t)E^{\mathrm{T}}V(t)x(t) \geqslant 0, \quad E^{\mathrm{T}}V(t) = V^{\mathrm{T}}(t)E \geqslant 0. \\ \dot{V}(t) =& \dot{x}^{\mathrm{T}}(t)E^{\mathrm{T}}V(t)x(t) + x^{\mathrm{T}}(t)E^{\mathrm{T}}V(t)\dot{x}(t) + x^{\mathrm{T}}(t)E^{\mathrm{T}}\dot{V}(t)x(t) \\ =& x^{\mathrm{T}}(t)A^{\mathrm{T}}(t)V(t)x(t) + x^{\mathrm{T}}(t)V^{\mathrm{T}}(t)E\dot{x}(t) + x^{\mathrm{T}}(t)E^{\mathrm{T}}\dot{V}(t)x(t) \\ =& x^{\mathrm{T}}(t)(A^{\mathrm{T}}(t)V(t) + V^{\mathrm{T}}(t)A(t) + E^{\mathrm{T}}\dot{V}(t))x(t) \\ <& 0 \end{aligned}$$

则有

$$A^{\mathrm{T}}(t)V(t) + V^{\mathrm{T}}(t)A(t) + E^{\mathrm{T}}\dot{V}(t) < 0$$
$$E^{\mathrm{T}}V(t) = V^{\mathrm{T}}(t)E \geqslant 0$$

$$Q^{\mathrm{T}}E^{\mathrm{T}}P^{\mathrm{T}}P^{-\mathrm{T}}V(t)Q = \begin{pmatrix} I & 0 \\ 0 & 0 \end{pmatrix} \begin{pmatrix} V_1(t) & V_2(t) \\ V_3(t) & V_4(t) \end{pmatrix}$$

$$= \begin{pmatrix} V_1^{\mathrm{T}}(t) & V_3^{\mathrm{T}}(t) \\ V_2^{\mathrm{T}}(t) & V_4^{\mathrm{T}}(t) \end{pmatrix} \begin{pmatrix} I & 0 \\ 0 & 0 \end{pmatrix}$$
$$\geqslant 0$$

于是得到

$$V_1(t) = V_1^{\mathrm{T}}(t) \geqslant 0, \quad V_2(t) = 0$$

令

$$A^{\mathrm{T}}(t)V(t) + V^{\mathrm{T}}(t)A(t) + E^{\mathrm{T}}\dot{V}(t) = -W(t), \quad W(t) > 0$$

对 $W(t)$ 作如下分块

$$W(t) = \begin{pmatrix} W_1(t) & W_2(t) \\ W_2^{\mathrm{T}}(t) & W_3(t) \end{pmatrix}$$

则

$$\begin{pmatrix} A_1^{\mathrm{T}}(t) & 0 \\ 0 & I \end{pmatrix} \begin{pmatrix} V_1(t) & 0 \\ V_3(t) & V_4(t) \end{pmatrix} + \begin{pmatrix} V_1^{\mathrm{T}}(t) & V_3^{\mathrm{T}}(t) \\ 0 & V_4^{\mathrm{T}}(t) \end{pmatrix} \begin{pmatrix} A_1(t) & 0 \\ 0 & I \end{pmatrix}$$
$$+ \begin{pmatrix} I & 0 \\ 0 & 0 \end{pmatrix} \begin{pmatrix} \dot{V}_1(t) & 0 \\ \dot{V}_3(t) & \dot{V}_4(t) \end{pmatrix} = - \begin{pmatrix} W_1(t) & W_2(t) \\ W_2^{\mathrm{T}}(t) & W_3(t) \end{pmatrix} \begin{pmatrix} A_1^{\mathrm{T}}(t)V_1(t) & 0 \\ V_3(t) & V_4(t) \end{pmatrix}$$
$$+ \begin{pmatrix} V_1^{\mathrm{T}}(t)A_1(t) & V_3(t) \\ 0 & V_4^{\mathrm{T}}(t) \end{pmatrix} + \begin{pmatrix} \dot{V}_1(t) & 0 \\ 0 & 0 \end{pmatrix}$$
$$= - \begin{pmatrix} W(t)_1 & W_2(t) \\ W_2^{\mathrm{T}}(t) & W_3(t) \end{pmatrix}$$

$$V_1^{\mathrm{T}}(t)A_1(t) + A_1^{\mathrm{T}}(t)V_1(t) + \dot{V}_1(t) = -W_1(t) \tag{5.1.3}$$
$$V_3^{\mathrm{T}}(t) = -W_2(t) \tag{5.1.4}$$
$$V_4(t) + V_4^{\mathrm{T}}(t) = -W_3(t) \tag{5.1.5}$$

因为系统 (5.1.1) 是渐近稳定的, 所以 $A_1(t)$ 是渐近稳定的, 因此由引理 5.1.1 知

$$V_1^{\mathrm{T}}(t)A_1(t) + A_1^{\mathrm{T}}(t)V_1(t) + \dot{V}_1(t) = -W_1(t)$$

有解. 取

$$V_4(t) = V_4^{\mathrm{T}}(t) = -\frac{1}{2}W_3(t), \quad V_3^{\mathrm{T}}(t) = -W_2(t)$$

从而

$$A^{\mathrm{T}}(t)V(t) + V^{\mathrm{T}}(t)A(t) + E^{\mathrm{T}}\dot{V}(t) = -W(t)$$

有解, 且满足

$$E^{\mathrm{T}} V(t) = V^{\mathrm{T}}(t) E \geqslant 0$$

所以广义 Lyapunov 不等式 (5.1.2) 有解.

**充分性** 由于系统 (5.1.1) 解析可解, 则系统矩阵 $E$, $A(t)$ 可化为引理 5.1.2 中的形式. 设 $N(t)$ 的幂零指数为 $h$, 即有

$$N^{h-1}(t) \neq 0, \quad N^h(t) = 0$$

对 $V(t)$ 作如下分块

$$V(t) = \begin{pmatrix} V_1(t) & V_2(t) \\ V_3(t) & V_4(t) \end{pmatrix}$$

将系统 (5.1.1) 的分解式、$V(t)$ 的分块代入广义 Lyapunov 不等式 (5.1.2) 中得

$$\begin{pmatrix} A_1^{\mathrm{T}}(t) & 0 \\ 0 & I \end{pmatrix} \begin{pmatrix} V_1(t) & V_2(t) \\ V_3(t) & V_4(t) \end{pmatrix} + \begin{pmatrix} V_1^{\mathrm{T}}(t) & V_3^{\mathrm{T}}(t) \\ V_2^{\mathrm{T}}(t) & V_4^{\mathrm{T}}(t) \end{pmatrix} \begin{pmatrix} A_1(t) & 0 \\ 0 & I \end{pmatrix}$$
$$+ \begin{pmatrix} I & 0 \\ 0 & N(t)^{\mathrm{T}} \end{pmatrix} \begin{pmatrix} \dot{V}_1(t) & \dot{V}_2(t) \\ \dot{V}_3(t) & \dot{V}_4(t) \end{pmatrix} < 0$$

从而得

$$A_1^{\mathrm{T}}(t) V_1(t) + V_1^{\mathrm{T}}(t) A_1(t) + \dot{V}_1(t) < 0 \tag{5.1.6}$$

$$V_4(t) + V_4^{\mathrm{T}}(t) + N^{\mathrm{T}}(t) \dot{V}_4(t) < 0 \tag{5.1.7}$$

由式 (5.1.6) 知, 系统 (5.1.1) 是渐近稳定的.

下面证明系统 (5.1.1) 无脉冲.

如果 $N(t) \neq 0$, 那么存在 $x(t) \neq 0$, 使得 $N(t)x(t) \neq 0$, 用 $(N(t)x(t))^{\mathrm{T}}$ 及 $N(t)x(t)$ 分别乘以式 (5.1.7) 的两边得

$$x^{\mathrm{T}}(t) N(t)^{\mathrm{T}} (V_4(t) + V_4^{\mathrm{T}}(t) + N(t)^{\mathrm{T}} \dot{V}_4(t)) N(t) x(t) < 0 \tag{5.1.8}$$
$$x^{\mathrm{T}}(t) (N(t)^{\mathrm{T}} V_4(t) N(t) + N(t)^{\mathrm{T}} V_4^{\mathrm{T}}(t) N(t) + N(t)^{\mathrm{T}} N(t)^{\mathrm{T}} \dot{V}_4(t) N(t)) x(t) < 0$$

再令

$$x(t) = N^{h-1}(t) x_0(t) \neq 0$$

则有

$$x_0^{\mathrm{T}}(t) (N(t)^{\mathrm{T}})^{h-1} (N(t)^{\mathrm{T}} V_4(t) N(t) + N(t)^{\mathrm{T}} V_4^{\mathrm{T}}(t) N(t)$$
$$+ N(t)^{\mathrm{T}} N(t)^{\mathrm{T}} \dot{V}_4(t) N(t)) N(t)^{h-1} x_0(t)$$

$$=x_0^{\mathrm{T}}(t)(N(t)^{\mathrm{T}})^h V_4(t) N(t)^h x_0(t) + x_0^{\mathrm{T}}(t)(N(t)^{\mathrm{T}})^h V_4^{\mathrm{T}}(t) N(t)^h x_0(t)$$
$$+ x_0^{\mathrm{T}}(t)(N(t)^{\mathrm{T}})^{h+1} \dot{V}_4(t) N^h(t) x_0(t) = 0$$

这与式 (5.1.8) 矛盾. 所以假设不成立, 即 $N(t) = 0$, 因此系统 (5.1.1) 是无脉冲的.

当系统 (5.1.1) 无脉冲时,

$$\det(s(t)E - A(t)) = d(t) \det \begin{pmatrix} s(t)I - A_1(t) & 0 \\ 0 & -I \end{pmatrix}$$
$$= (-1)^{n-q} d(t) \det(s(t)I - A_1(t))$$

其中 $d(t) = [\det(P(t)Q(t))]^{-1} \neq 0$.

由于系统 (5.1.1) 是渐近稳定的, 所以

$$\det(s(t)I - A_1(t)) \neq 0$$

因此系统 (1) 是正则的. □

由定理 5.1.1 的证明过程可以看出, 系统解析可解的条件在一定范围内是可以去掉的, 为此我们给出下面的推论.

**推论 5.1.1**　如果广义周期系统 (5.1.1) 是允许的, 则广义 Lyapunov 不等式 (5.1.2) 有解.

**推论 5.1.2**　如果广义 Lyapunov 不等式 (5.1.2) 有解, 则系统 (5.1.1) 是无脉冲的.

## 5.2　二次允许性分析

设状态反馈控制器为

$$\sum_c u(t) = K(t)x(t)$$

则在该状态反馈作用下, 系统 (5.1.1) 相应的闭环系统为

$$E\dot{x}(t) = (A(t) + B(t)K(t))x(t)$$
$$y(t) = C(t)x(t) \tag{5.2.1}$$

为了叙述方便和证明的需要, 给出如下定义.

**定义 5.2.1**　对于系统 (5.1.1), 如果闭环系统 (5.2.1) 是允许的, 则称系统 (5.1.1) 是二次允许的.

考虑系统 (5.1.1) 输入为零时 ($u(t) = 0$) 系统为

$$E\dot{x}(t) = A(t)x(t)$$

$$y(t) = C(t)x(t) \tag{5.2.2}$$

由定理 5.1.1 知, 广义周期系统二次允许意味着存在矩阵 $V(t)$, 使得

$$(A(t) + B(t)K(t))^{\mathrm{T}}V(t) + V^{\mathrm{T}}(t)(A(t) + B(t)K(t)) + E^{\mathrm{T}}(t)\dot{V}(t) < 0$$
$$E^{\mathrm{T}}V(t) = V^{\mathrm{T}}(t)E \geqslant 0 \tag{5.2.3}$$

**引理 5.2.1**  给定一个对称矩阵 $\Omega$, 设 $M_1$ 和 $M_2$ 是适当维数的矩阵, 则对于任意

$$F^{\mathrm{T}}(t)F(t) \leqslant I, \quad \Omega + M_1 F(t) M_2 + M_2^{\mathrm{T}} F^{\mathrm{T}}(t) M_1^{\mathrm{T}} < 0$$

的充分必要条件是存在常数 $\varepsilon > 0$, 使得

$$\Omega + \varepsilon M_1 M_1^{\mathrm{T}} + \frac{1}{\varepsilon} M_2^{\mathrm{T}} M_2 < 0$$

由引理 5.2.1 和定义 5.2.1, 我们可以得到如下结论.

**定理 5.2.1**  广义周期系统可由状态反馈 $\sum_c$ 镇定的充要条件是存在矩阵 $X(t), Y(t)$ 及常数 $\varepsilon > 0$, 使得下面的 LMIs(线性矩阵不等式) 成立

$$\begin{pmatrix} X(t)A^{\mathrm{T}}(t) + A(t)X^{\mathrm{T}}(t) + X(t)E^{\mathrm{T}}\dot{X}^{-\mathrm{T}}(t)X^{\mathrm{T}}(t) + \varepsilon B(t)B^{\mathrm{T}}(t) & Y(t) \\ Y^{\mathrm{T}}(t) & -\varepsilon I \end{pmatrix} < 0 \tag{5.2.4}$$

$$EX^{\mathrm{T}}(t) = X(t)E^{\mathrm{T}} \geqslant 0 \tag{5.2.5}$$

此外, 若 $X(t), Y(t)$ 使式 (5.2.4), 式 (5.2.5) 成立, 则可得到一个状态

$$u(t) = K(t)x(t)$$

其中 $K(t) = Y^{\mathrm{T}}(t)X^{-\mathrm{T}}(t)$.

**证明**  由于广义周期系统二次允许是存在矩阵 $V(t)$, 使得式 (5.2.3) 成立, 由引理 5.2.1, 式 (5.2.3) 等价于存在矩阵 $V(t)$ 和常数 $\varepsilon > 0$, 有

$$A^{\mathrm{T}}(t)V(t) + V^{\mathrm{T}}(t)A(t) + E^{\mathrm{T}}\dot{V}(t) + \varepsilon V^{\mathrm{T}}(t)B(t)B^{\mathrm{T}}(t)V(t) + \frac{1}{\varepsilon}K^{\mathrm{T}}(t)K(t) < 0 \tag{5.2.6}$$

$$E^{\mathrm{T}}V(t) = V^{\mathrm{T}}(t)E \tag{5.2.7}$$

由于矩阵 $V(t)$ 是可逆的, 用 $V^{-\mathrm{T}}(t)$ 和 $V^{-1}(t)$ 分别乘式 (5.2.6)、式 (5.2.7) 的两边, 得

$$V^{-\mathrm{T}}(t)A^{\mathrm{T}}(t) + A(t)V^{-1}(t) + V^{-\mathrm{T}}(t)E^{\mathrm{T}}\dot{V}(t)V^{-1}(t) + \varepsilon B(t)B^{\mathrm{T}}(t)$$
$$\frac{1}{\varepsilon}V^{-\mathrm{T}}(t)K^{\mathrm{T}}(t)K(t)V^{-1}(t) < 0$$

$$V^{-\mathrm{T}}(t)E = EV^{-1}(t) \geqslant 0$$

令 $X(t) = V^{-\mathrm{T}}(t)$, 则 $\dot{V}(t) = \dot{X}^{-\mathrm{T}}(t)$, 再令 $Y(t) = X(t)K^{\mathrm{T}}(t)$ 代入上式, 得

$$X(t)A^{\mathrm{T}}(t) + A(t)X^{\mathrm{T}}(t) + X(t)E^{\mathrm{T}}\dot{X}^{-\mathrm{T}}(t)X^{\mathrm{T}}(t) + \varepsilon B(t)B^{\mathrm{T}}(t) + \frac{1}{\varepsilon}Y(t)Y^{\mathrm{T}}(t) < 0 \tag{5.2.8}$$

$$EX^{\mathrm{T}}(t) = X(t)E^{\mathrm{T}} \geqslant 0 \tag{5.2.9}$$

最后, 再用 Schur 补的方法, 得到式 (5.2.4). 反之, 若式 (5.2.4)、式 (5.2.5) 成立, 则由 Schur 补可以得到式 (5.2.8)、式 (5.2.9), 然后代入 $X(t), Y(t)$ 的等价代换, 再用 $V^{\mathrm{T}}(t)$ 和 $V(t)$ 分别乘各式的两边, 即可得到式 (5.2.6)、式 (5.2.7), 再由引理 5.2.1 及二次允许的定义即可证得系统 (5.1.1) 是二次允许的.                       $\square$

## 5.3    数 值 算 法

下面通过 2 个例子来说明 5.1 节和 5.2 节的结果.

**例 5.3.1**    在系统 (5.1.1) 中, 取周期 $T = 10$, 且当 $1 \leqslant t \leqslant 11$ 时, 矩阵 $E, A(t)$ 的表达式如下

$$E = \begin{pmatrix} 1 & 0 & 0 & 0 \\ 0 & 1 & 0 & 0 \\ 0 & 0 & 0 & 0 \\ 0 & 0 & 0 & 0 \end{pmatrix}, \quad A(t) = \begin{pmatrix} -t & 0 & 0 & 0 \\ t & -t & 0 & 0 \\ 0 & 0 & t & 0 \\ 0 & 0 & 0 & t \end{pmatrix}$$

由于

$$\det(A(t)) = t^4 \neq 0$$

$$\det(\lambda I - A_1(t)) = (\lambda + t)^2$$

$$N(t) = 0$$

所以系统是正则、稳定、无脉冲的.

经计算广义 Lyapunov 不等式 (5.1.2) 得

$$V(t) = \begin{pmatrix} 4t & \dfrac{3}{8}t & 0 & 0 \\ \dfrac{3}{8}t & \dfrac{1}{2}t & 0 & 0 \\ 0 & 0 & 0 & 0 \\ -t & -t & 0 & -t \end{pmatrix}$$

满足

$$A^{\mathrm{T}}(t)V(t) + V^{\mathrm{T}}(t)A(t) + E^{\mathrm{T}}\dot{V}(t) < 0$$

$$E^{\mathrm{T}}V(t) = V^{\mathrm{T}}(t)E \geqslant 0$$

**例 5.3.2** 在系统 (5.1.1) 中, 取周期 $T = 10$, 且当 $1 \leqslant t \leqslant 11$ 时, 矩阵 $E, A(t), B(t)$ 的表达式为

$$E = \begin{pmatrix} 1 & 0 \\ 0 & 0 \end{pmatrix}, \quad A(t) = \begin{pmatrix} t & 0 \\ 0 & -1 \end{pmatrix}, \quad B(t) = \begin{pmatrix} t-1 & 0 \\ 0 & 0 \end{pmatrix}$$

下面作一个状态反馈 $u(t) = K(t)x(t)$ 使得系统是二次允许的. 由定理 5.2.1, 设

$$X(t) = \begin{pmatrix} x_1 & x_2 \\ x_3 & x_4 \end{pmatrix}, \quad Y(t) = \begin{pmatrix} y_1 & y_2 \\ y_3 & y_4 \end{pmatrix},$$

由式 (5.2.8) 得

$$\begin{pmatrix} x_1 & x_2 \\ x_3 & x_4 \end{pmatrix}\begin{pmatrix} t & 0 \\ 0 & -1 \end{pmatrix} + \begin{pmatrix} t & 0 \\ 0 & -1 \end{pmatrix}\begin{pmatrix} x_1 & x_3 \\ x_2 & x_4 \end{pmatrix}$$

$$+ \begin{pmatrix} x_1 & x_2 \\ x_3 & x_4 \end{pmatrix}\begin{pmatrix} 1 & 0 \\ 0 & 0 \end{pmatrix}\begin{pmatrix} \dot{x}_1 & \dot{x}_3 \\ \dot{x}_2 & \dot{x}_4 \end{pmatrix}^{-1}\begin{pmatrix} x_1 & x_3 \\ x_2 & x_4 \end{pmatrix}$$

$$+ \varepsilon\begin{pmatrix} (t-1)^2 & 0 \\ 0 & 0 \end{pmatrix} + \frac{1}{\varepsilon}\begin{pmatrix} y_1^2 + y_2^2 & y_1y_3 + y_2y_4 \\ y_1y_3 + y_2y_4 & y_3^2 + y_4^2 \end{pmatrix} < 0 \qquad (5.3.1)$$

将 $X(t)$ 代入式 (5.2.9) 中, 得 $x_3 = 0$, 化简式 (5.3.1), 得到 4 个矩阵不等式, 经讨论并结合 $x_3 = 0$ 的条件, 取 $X(t) = \begin{pmatrix} \mathrm{e}^{-t} & 1 \\ 0 & t \end{pmatrix}$, 再取 $Y(t) = \begin{pmatrix} \mathrm{e}^{-t} & 0 \\ 0 & \mathrm{e}^{-t} \end{pmatrix}$, 然后再

代入到式 (5.3.1) 化简所得的 4 个不等式中得到 $\varepsilon$ 的取值范围为 $0 < \varepsilon < \dfrac{\mathrm{e}^{-2t}}{2t}$.

因此这样的常数 $\varepsilon$ 总能取到. 故所取的 $X(t), Y(t)$ 满足式 (5.2.8)、式 (5.2.9).

$$K(t) = Y^{\mathrm{T}}(t)X^{-\mathrm{T}}(t) = \begin{pmatrix} 1 & -t^{-1} \\ 0 & \mathrm{e}^{-t}t^{-1} \end{pmatrix}$$

设

$$G = A(t) + B(t)K(t) = \begin{pmatrix} 2t-1 & t^{-1}-1 \\ 0 & -1 \end{pmatrix}$$

$$\det(sE - G) = s - 2t + 1 \neq 0$$

说明闭环系统是正则的.

$$\det(\lambda I - G) = (\lambda - 2t + 1)(\lambda + 1)$$

说明闭环系统是稳定的.

$$N(t) = 0$$

说明闭环系统是无脉冲的.

因此, 可以找到这样一个状态反馈使原系统是二次允许的.

# 第6章 广义周期系统的 $H_\infty$ 控制

$H_\infty$ 控制问题, 自 20 世纪 80 年代被提出以来, 受到广大学者的极大重视. 就线性系统而言, 依赖于代数 Riccati 方程的解法已经成熟. 近年来, 许多学者利用代数 Riccati 不等式及 LMI 解决线性系统的 $H_\infty$ 控制问题, 得到了很好的结果. 随着线性系统 $H_\infty$ 控制理论的日趋成熟和完善, 广义系统的 $H_\infty$ 控制理论也相应地得到了一定程度的发展, Morihira 和 Takaba 利用谱分解方法, Wen 和 Yaling 利用广义特征值方法讨论了广义系统的 $H_\infty$ 控制问题. 近三十年里, 随着周期系统理论的不断发展, 许多学者开始着手研究周期系统的 $H_\infty$ 控制问题. Tadmer 以状态空间实现为工具, 以时变情形的 Lyapunov 稳定理论为基础, 用微分 Riccati 方程代替了代数 Riccati 方程, 这为研究正常周期系统的 $H_\infty$ 控制问题奠定了基础. 尽管如此, 周期系统 $H_\infty$ 控制理论的发展仍属初步, 尤其是对广义周期系统 $H_\infty$ 控制问题的研究更为少见.

本章借鉴以往研究成果对广义周期系统的状态反馈 $H_\infty$ 控制问题作了初步探讨. 首先, 在系统为脉冲能控, R 能稳的假定下, 通过引入一个状态反馈控制对的非奇异变换, 建立了这一问题和正常周期系统的状态反馈 $H_\infty$ 控制问题的等价性; 其次利用微分 Riccati 方程及线性时不变状态空间系统 $H_\infty$ 控制问题的已有结果, 给出了广义周期系统在两种特殊情况下的状态反馈 $H_\infty$ 控制器的一族解.

## 6.1 基 本 知 识

考虑如下广义周期系统

$$E\dot{x}(t) = A(t)x(t) + B_1(t)w(t) + B_2(t)u(t)$$
$$z(t) = C_1(t)x(t) + D_{11}(t)w(t) + D_{12}(t)u(t) \tag{6.1.1}$$

在状态反馈

$$u(t) = K(t)x(t)$$

或

$$u(t) = K(t)x(t) + K_3(t)w(t) \tag{6.1.2}$$

下的 $H_\infty$ 控制问题. 其中, $x(t) \in \mathbf{R}^n$ 是系统的状态变量, $u(t) \in \mathbf{R}^r$ 是系统的控制输入, $w(t) \in \mathbf{R}^q$ 是外部输入, $z(t) \in \mathbf{R}^p$ 是控制输出向量, $E \in \mathbf{R}^{n \times n}$,

$\mathrm{rank}E = r < n$; $A(t), B_1(t), B_2(t), C_1(t)$ 以及 $D_{11}(t), D_{12}(t)$ 分别是具有适当维数的 $T$ 周期函数矩阵.

**注**  当 $w(t)$ 不可量测时, 采用第一种反馈形式, 当 $w(t)$ 可量测时, 采用第二种反馈形式, 我们的目的是设计状态反馈控制器 (6.1.2), 使之与系统 (6.1.1) 构成的闭环系统满足:

①内稳定; ②$\|G_c(s)\|_\infty < \gamma$; ③无脉冲模 $\qquad\qquad$ (6.1.3)

这里, 由于 $\mathrm{rank}E = r < n$, 故存在受限等价变换 $P, Q \in \mathbf{R}^{n\times n}$, 使之有

$$PEQ = \begin{pmatrix} I & 0 \\ 0 & 0 \end{pmatrix}, \quad PA(t)Q = \begin{pmatrix} A_{11}(t) & A_{12}(t) \\ A_{21}(t) & A_{22}(t) \end{pmatrix}, \quad PB_1(t) = (B_{11}(t)/B_{12}(t)),$$

$$PB_2(t) = (B_{21}(t)/B_{22}(t)), \quad C_1(t)Q = (C_{11}(t), C_{12}(t)), \quad Q^{-1}x(t) = [x_1(t)/x_2(t)]$$

于是系统 (6.1.1) 等价于如下系统:

$$\dot{x}_1(t) = A_{11}(t)x_1(t) + A_{12}(t)x_2(t) + B_{11}(t)w(t) + B_{21}(t)u(t)$$
$$0 = A_{21}(t)x_1(t) + A_{22}(t)x_2(t) + B_{12}(t)w(t) + B_{22}(t)u(t)$$
$$z(t) = C_{11}(t)x_1(t) + C_{12}(t)x_2(t) + D_{11}(t)w(t) + D_{12}(t)u(t) \qquad (6.1.4)$$

则状态反馈 (6.1.2) 可转化为

$$u(t) = K_1(t)x_1(t) + K_2(t)x_2(t) \qquad (6.1.5a)$$

或 $\qquad\qquad u(t) = K_1(t)x_1(t) + K_2(t)x_2(t) + K_3(t)w(t) \qquad (6.1.5b)$

其中 $[K_1(t) \quad K_2(t)] = K(t)Q, K_1(t) \in \mathbf{R}^{p\times r}, K_2(t) \in \mathbf{R}^{p\times(n-r)}$.

**注**  受限等价变换不改变系统的输入输出关系, 故考察广义周期系统 (6.1.1) 在状态反馈 (6.1.2) 下的 $H_\infty$ 控制问题可以等价地代之以考察周期系统 (6.1.4) 在状态反馈 (6.1.5) 下的 $H_\infty$ 控制问题. 记前一问题为 $P_1$, 后一问题为 $P_2$, 显然 $P_2$ 的解即是 $P_1$ 的解. 以下考察 $P_2$ 的解, 亦即考察状态反馈控制器 (6.1.5) 的设计, 使之与系统 (6.1.4) 构成的闭环系统满足 (6.1.3). 为此作如下假设:

假设 1: 当 $w(t) = 0$ 时, 系统 (6.1.1) 脉冲能控.

假设 2: 当 $w(t) = 0$ 时, 系统 (6.1.1)$R$ 能稳.

我们知道, 系统 (6.1.1) 的脉冲能控性等价于矩阵 $(A_{22}(t), B_{22}(t))$ 行满秩, 故存在非奇异矩阵 $M(t) \in \mathbf{R}^{(n-r+p)\times(n-r+p)}$ 使得

$$(A_{22}(t), B_{22}(t))M(t) = (I_{n-r}, 0) \qquad (6.1.6)$$

令

$$M(t) = \begin{pmatrix} M_{11}(t) & M_{12}(t) \\ M_{21}(t) & M_{22}(t) \end{pmatrix}$$

$$\begin{pmatrix} A_{12}(t) & B_{21}(t) \\ A_{22}(t) & B_{22}(t) \\ C_{12}(t) & D_{12}(t) \end{pmatrix} \begin{pmatrix} M_{11}(t) & M_{12}(t) \\ M_{21}(t) & M_{22}(t) \end{pmatrix} = \begin{pmatrix} \bar{A}_{12}(t) & \bar{B}_{12}(t) \\ I_{n-r} & 0 \\ \bar{C}_{12}(t) & \bar{D}_{12}(t) \end{pmatrix} \tag{6.1.7}$$

由式 (6.1.6) 作如下非奇异变换

$$\begin{pmatrix} x_1(t) \\ x_2(t) \\ u(t) \\ w(t) \end{pmatrix} = \begin{pmatrix} I_r & 0 & 0 & 0 \\ 0 & M_{11}(t) & M_{12}(t) & 0 \\ 0 & M_{21}(t) & M_{22}(t) & 0 \\ 0 & 0 & 0 & I_q \end{pmatrix} \begin{pmatrix} x_1(t) \\ \bar{x}_2(t) \\ \bar{u}(t) \\ w(t) \end{pmatrix} \tag{6.1.8}$$

其中 $\bar{x}_2(t) \in \mathbf{R}^{n-r}, \bar{u}(t) \in \mathbf{R}^p$, 在变换 (6.1.8) 作用下, 系统 (6.1.4) 转化为

$$\dot{x}_1(t) = A_{11}(t)x_1(t) + \bar{A}_{12}(t)\bar{x}_2(t) + B_{11}(t)w(t) + \bar{B}_{21}(t)\bar{u}(t)$$
$$0 = A_{21}(t)x_1(t) + \bar{x}_2(t) + B_{12}(t)w(t)$$
$$z(t) = C_{11}(t)x_1(t) + \bar{C}_{12}(t)\bar{x}_2(t) + D_{11}(t)w(t) + \bar{D}_{12}(t)\bar{u}(t) \tag{6.1.9}$$

由式 (6.1.9) 得

$$\bar{x}_2(t) = -A_{21}(t)x_1(t) - B_{12}(t)w(t) \tag{6.1.10}$$

故式 (6.1.9) 还可以写成

$$\dot{x}_1(t) = (A_{11}(t) - \bar{A}_{12}(t)A_{21}(t))x_1(t) + (B_{11}(t) - \bar{A}_{12}(t)B_{12}(t))w(t) + \bar{B}_{21}(t)\bar{u}(t)$$
$$z(t) = (C_{11}(t) - \bar{C}_{12}(t)A_{21}(t))x_2(t) + (D_{11}(t) - \bar{C}_{12}(t)B_{12}(t))w(t) + \bar{D}_{12}(t)\bar{u}(t)$$
$$\bar{x}_2(t) = -A_{21}(t)x_1(t) - B_{12}(t)w(t) \tag{6.1.11}$$

系统 (6.1.11) 为正常周期系统, 其状态为 $x_1(t)$, 干扰为 $w(t)$, 控制输入为 $\bar{u}(t)$, 受控输出为 $z(t)$. 设系统 (6.1.11) 在状态反馈

$$\bar{u}(t) = \overline{K}(t)x_1(t) \tag{6.1.12}$$

下的 $H_\infty$ 控制问题为 $P_3$, 显然 $P_3$ 为正常周期系统的 $H_\infty$ 控制问题. 以下, 我们要弄清 $P_2$ 和 $P_3$ 的关系, 以便由 $P_3$ 的解获得 $P_2$ 的解.

**引理 6.1.1**  系统 (6.1.11) 能稳的充要条件为假设 2 成立.

**注**  引理 6.1.1 指出, 假设 2 等价于 $(A_{11}(t) - \bar{A}_{12}(t)A_{21}(t), \bar{B}_{21}(t))$ 能稳. 因此, 假设 2 既是问题 $P_1$ 有解的必要条件, 也是问题 $P_3$ 有解的必要条件.

**定理 6.1.1**  若假设 1, 2 成立, 则问题 $P_2$ 有解 (6.1.5a), (6.1.5b) 的充分必要条件为下述矩阵 $M(t)$

$$M(t) = \begin{pmatrix} M_{11}(t) & M_{12}(t) \\ M_{21}(t) & M_{22}(t) \end{pmatrix} = \begin{pmatrix} \bar{A}_{22}^{-1}(t) & -\bar{A}_{22}^{-1}(t)B_{22}(t) \\ \bar{K}_2(t)\bar{A}_{22}^{-1}(t) & -\bar{K}_2(t)\bar{A}_{22}^{-1}(t)B_{22}(t) + I_p \end{pmatrix} \tag{6.1.13}$$

变换 (6.1.8) 所确定的问题 $P_3$ 有解, 式中

$$\bar{A}_{22}(t) = A_{22}(t) + B_{22}(t)\bar{K}_2(t) \tag{6.1.14}$$

其中 $\bar{K}_2(t)$ 为使得 $\bar{A}_{22}(t)$ 非奇异的某一实矩阵.

**证明**　充分性. 式 (6.1.13) 所示的矩阵 $M(t)$ 必满足式 (6.1.6). 设对于该 $M(t)$, 由变换 (6.1.8) 确定的问题有解, 亦即存在状态反馈 (6.1.12), 使之与系统 (6.1.11) 构成的闭环系统

$$\dot{x}_1(t) = (A_{11}(t) - \bar{A}_{12}(t)A_{21}(t) + \bar{B}_{21}(t)\bar{K}(t))x_1(t) + (B_{11}(t) - \bar{A}_{12}(t)B_{12}(t))w(t)$$

$$z(t) = (C_{11}(t) - \bar{C}_{12}(t)A_{21}(t) + \bar{D}_{12}(t)\bar{K}(t))x_2(t) + (D_{11}(t) - \bar{C}_{12}(t)B_{12}(t))w(t)$$

$$\bar{x}_2(t) = -A_{21}(t)x_1(t) - B_{12}(t)w(t) \tag{6.1.15}$$

满足: (i) 内稳定, 即矩阵 $(A_{11}(t) - \bar{A}_{12}(t)A_{21}(t) + \bar{B}_{21}(t)\bar{K}(t))$ 的特征根全部位于左半平面.

(ii) $\|G_c(s)\|_\infty < \gamma$.

这里

$$
\begin{aligned}
G_c(s) =&(C_{11}(t) - \bar{C}_{12}(t)A_{21}(t) + \bar{D}_{12}(t)\bar{K}(t))(sI_r - (A_{11}(t) - \bar{A}_{12}(t)A_{21}(t) \\
&+ \bar{B}_{21}(t)\bar{K}(t)))^{-1}(B_{11}(t) - \bar{A}_{12}(t)B_{12}(t)) + (D_{11}(t) - C_{12}(t)B_{12}(t)) 
\end{aligned} \tag{6.1.16}
$$

注意到由式 (6.1.8)、式 (6.1.10) 可得

$$
\begin{pmatrix} x_1(t) \\ x_2(t) \\ u(t) \\ w(t) \end{pmatrix} = 
\begin{pmatrix} I_r & 0 & 0 & 0 \\ 0 & M_{11}(t) & M_{12}(t) & 0 \\ 0 & M_{21}(t) & M_{22}(t) & 0 \\ 0 & 0 & 0 & I_q \end{pmatrix}
\begin{pmatrix} I_r & 0 & 0 \\ -A_{21}(t) & 0 & -B_{21}(t) \\ 0 & I_p & 0 \\ 0 & 0 & I_q \end{pmatrix}
\begin{pmatrix} x_1(t) \\ \bar{u}(t) \\ w(t) \end{pmatrix}
$$

$$
= \begin{pmatrix} x_1(t) \\ -M_{11}(t)A_{21}(t)x_1(t) + M_{12}(t)\bar{u}(t) - M_{11}(t)B_{12}(t)w(t) \\ -M_{21}(t)A_{21}(t)x_1(t) + M_{22}(t)\bar{u}(t) - M_{21}(t)B_{12}(t)w(t) \\ w(t) \end{pmatrix}
\tag{6.1.17}
$$

结合式 (6.1.12), 则有

$$
\begin{pmatrix} x_1(t) \\ x_2(t) \\ u(t) \\ w(t) \end{pmatrix} = 
\begin{pmatrix} x_1(t) \\ (-M_{11}(t)A_{21}(t) + M_{12}(t)\bar{K}(t))x_1(t) - M_{11}(t)B_{12}(t)w(t) \\ (-M_{21}(t)A_{21}(t) + M_{22}(t)\bar{K}(t))\bar{x}_1(t) - M_{21}(t)B_{12}(t)w(t) \\ w(t) \end{pmatrix}
\tag{6.1.18}
$$

令 $u(t)$ 如式 (6.1.5b) 所示, 再由式 (6.1.18), 有

$$
\begin{aligned}
u(t) &= K_1(t)x_1(t) + K_2(t)x_2(t) + K_3(t)w(t) \\
&= K_1(t)x_1(t) + K_2(t)(-M_{11}(t)A_{21}(t) + M_{12}(t)\bar{K}(t))x_1(t) \\
&\quad - K_2(t)M_{11}(t)B_{12}(t)w(t) + K_3(t)w(t) \\
&= (-M_{21}(t)A_{21}(t) + M_{22}(t)\bar{K}(t))x_1(t) - M_{21}(t)B_{12}(t)w(t) \quad (6.1.19)
\end{aligned}
$$

故有

$$
K_1(t) = (-M_{21}(t)A_{21}(t) + M_{22}(t)\bar{K}(t)) - K_2(t)(-M_{11}(t)A_{21}(t) + M_{12}(t)\bar{K}(t))
$$
$$(6.1.20)$$

$$
K_3(t) = -M_{21}(t)B_{21}(t) + K_2(t)M_{11}(t)B_{12}(t) = (K_2(t) - \bar{K}_2(t))\bar{A}_{21}^{-1}(t)B_{12}(t) \quad (6.1.21)
$$

反馈增益矩阵 $K_2(t)$ 的选择有很大的自由度, 为使系统 (6.1.4) 及反馈控制律 (6.1.5b) 所构成的闭环系统无脉冲模, 取 $K_2(t)$ 使得

$$
\bar{A}_{22}(t) = A_{22}(t) + B_{22}(t)K_2(t) \quad (6.1.22)
$$

非奇异. 特别地, 若取

$$
K_2(t) = \bar{K}_2(t) \quad (6.1.23)
$$

则有

$$
\bar{A}_{22}(t) = \bar{A}_{22}(t) \quad (6.1.24)
$$

并且

$$
K_3(t) = 0 \quad (6.1.25)
$$

此时, 反馈控制律 (6.1.5b) 成为式 (6.1.5a).

考察状态反馈 (6.1.5b) 和系统 (6.1.4) 构成的闭环系统

$$
\begin{aligned}
\dot{x}_1(t) &= (A_{11}(t) + B_{21}(t)K_1(t))x_1(t) + (A_{12}(t) + B_{21}(t)K_2(t))x_2(t) \\
&\quad + (B_{11}(t) + B_{21}(t)K_3(t))w(t) \\
0 &= (A_{21}(t) + B_{22}(t)K_1(t))x_1(t) + (A_{22}(t) + B_{22}(t)K_2(t))x_2(t) \\
&\quad + (B_{12}(t) + B_{22}(t)K_3(t))w(t) \\
z(t) &= (C_{11}(t) + D_{12}(t)K_1(t))x_1(t) + (C_{12}(t) + D_{12}(t)K_2(t))x_2(t) \\
&\quad + (D_{11}(t) + D_{12}(t)K_3(t))w(t)
\end{aligned} \quad (6.1.26)
$$

式中, $K_1(t)$, $K_2(t)$, $K_3(t)$ 分别如式 (6.1.20)、式 (6.1.22)、式 (6.1.21) 所示. 由于 $\bar{A}_{22}(t)$ 非奇异, 故闭环系统 (6.1.26) 无脉冲模, 亦即闭环系统 (6.1.26) 满足条件

(6.1.3) 中的③. 下面证 (6.1.26) 满足条件 (6.1.3) 中的①, ②, 为此改写式 (6.1.26)
为下述形式

$$
\begin{aligned}
\dot{x}_1(t) =& ((A_{11}(t) + B_{21}(t)K_1(t)) - (A_{12}(t) + B_{21}(t)K_2(t))\bar{A}_{22}^{-1}(t)(A_{21}(t)\\
&+ B_{22}(t)K_1(t))x_1(t) + ((B_{11}(t) + B_{21}(t)K_3(t)) - (A_{12}(t)\\
&+ B_{21}(t)K_2(t))\bar{A}_{22}^{-1}(t)(B_{12}(t) + B_{22}(t)K_3(t))w(t)\\
x_2(t) =& -(A_{22}(t) + B_{22}(t)K_2(t))^{-1}((A_{21}(t) + B_{22}(t)K_1(t))x_1(t)\\
&+ (B_{12}(t) + B_{22}(t)K_3(t))w(t))\\
z(t) =& ((C_{11}(t) + D_{12}(t)K_1(t)) - (C_{12}(t) + D_{12}(t)K_2(t))\bar{A}_{22}^{-1}(t)(A_{21}(t)\\
&+ B_{22}(t)K_1(t))x_1(t) + ((D_{11}(t) + D_{12}(t)K_3(t)) - (C_{12}(t)\\
&+ D_{12}(t)K_2(t))\bar{A}_{22}^{-1}(t)(B_{12}(t) + B_{22}(t)K_3(t))w(t)
\end{aligned}
\tag{6.1.27}
$$

考察式 (6.1.27) 的系数矩阵, 结合式 (6.1.6)、式 (6.1.7) 及式 (6.1.20)~ 式 (6.1.22),
推得

$$
\begin{aligned}
&A_{11}(t) + B_{21}(t)K_1(t) - (A_{12}(t) + B_{21}(t)K_2(t))\bar{A}_{22}^{-1}(t)(A_{21}(t) + B_{22}(t)K_1(t))\\
=& A_{11}(t) - \bar{A}_{12}(t)A_{21}(t) + \bar{B}_{21}(t)\bar{K}(t)\\
&B_{11}(t) + B_{21}(t)K_3(t) - (A_{12}(t) + B_{21}(t)K_2(t))\bar{A}_{22}^{-1}(t)(B_{12}(t) + B_{22}(t)K_3(t))\\
=& B_{11}(t) - \bar{A}_{12}(t)B_{12}(t)\\
&C_{11}(t) + D_{12}(t)K_1(t) - (C_{12}(t) + D_{12}(t)K_2(t))\bar{A}_{22}^{-1}(t)(A_{21}(t) + B_{22}(t)K_1(t))\\
=& C_{11}(t) - \bar{C}_{12}(t)A_{21}(t) + \bar{D}_{12}(t)\bar{K}(t)\\
&D_{11}(t) + D_{12}(t)K_3(t) - (C_{12}(t) + D_{12}(t)K_2(t))\bar{A}_{22}^{-1}(t)(B_{12}(t) + B_{22}(t)K_3(t))w(t)\\
=& D_{11}(t) - \bar{C}_{12}(t)B_{12}(t)
\end{aligned}
\tag{6.1.28}
$$

可以观察到, 式 (6.1.28) 的等号右端即闭环系统 (6.1.15) 所对应系数矩阵, 故式
(6.1.28) 告诉我们, 若问题 $P_2$ 的控制器取为 (6.1.5b), 且状态反馈增益矩阵 $K_i, i =$
$1, 2, 3$ 按式 (6.1.20)~ 式 (6.1.22) 选取, 则闭环系统 (6.1.27) 的特征根及传递函数
$G_c(s)$ 与问题 $P_3$ 的闭环系统 (6.1.15) 的特征根及传递函数 $G_c(s)$ 完全一致, 亦即问
题 $P_2$ 有状态反馈控制器解, 且解以式 (6.1.5b), 式 (6.1.20)~ 式 (6.1.22) 给出. 特别
地, 若 $K_2(t)$ 取值 $\bar{K}_2(t)$, 则有式 (6.1.25) 知 $K_3(t) = 0$, 即 $P_2$ 的控制器解为 (6.1.5a).

必要性. 设问题 $P_2$ 有解 (6.1.5a), 于是由闭环系统 (6.1.26) 无脉冲模知 $\bar{A}_{22}(t) =$
$A_{22}(t) + B_{22}(t)K_2(t)$ 非奇异, 将闭环系统 (6.1.26) 改写成式 (6.1.27), 式中 $K_3(t) = 0$,
取矩阵 $M(t)$ 为

$$
M(t) = \begin{pmatrix} M_{11}(t) & M_{12}(t) \\ M_{21}(t) & M_{22}(t) \end{pmatrix} = \begin{pmatrix} \bar{A}_{22}^{-1}(t) & -\bar{A}_{22}^{-1}(t)B_{22}(t) \\ K_2(t)\bar{A}_{22}^{-1}(t) & -K_2(t)\bar{A}_{22}^{-1}(t)B_{22}(t) + I_p \end{pmatrix}
\tag{6.1.29}
$$

按变换 (6.1.8) 将系统 (6.1.4) 变换为系统 (6.1.9), 并对其按以下控制律

$$\bar{u}(t) = K_1(t)x_1(t) \tag{6.1.30}$$

实施控制, 得闭环系统方程

$$\dot{x}_1(t) = (A_{11}(t) - \bar{A}_{12}(t)A_{21}(t) + \bar{B}_{21}(t)K_1(t))x_1(t) + (B_{11}(t) - \bar{A}_{12}(t)B_{12}(t))w(t)$$

$$z(t) = (C_{11}(t) - \bar{C}_{12}(t)A_{21}(t) + \bar{D}_{12}(t)K_1(t))x_2(t) + (D_{11}(t) - \bar{C}_{12}(t)B_{12}(t))w(t)$$

$$\bar{x}_2(t) = -A_{21}(t)x_1(t) - B_{12}(t)w(t) \tag{6.1.31}$$

类似于充分性证明, 由式 (6.1.7)、式 (6.1.8)、式 (6.1.29)、式 (6.1.30), 容易验证闭环系统 (6.1.31) 与闭环系统 (6.1.27) 的系数矩阵对应相等, 故两者由同样的特征根及传递函数 $G_c(s)$, 即对应于式 (6.1.29) 所示之矩阵 $M(t)$, 变换 (6.1.8) 所确定的问题 $P_3$ 有解 (6.1.31), 必要性得证.

## 6.2 基于状态反馈的 $H_\infty$ 控制

由定理 6.1.1, 我们得到了 $P_2$ 与 $P_3$ 之间的关系, 下面我们就从问题 $P_3$ 入手, 从而得到 $P_2$ 的解.

**引理 6.2.1** 对于给定的正常周期系统

$$\dot{x}(t) = A(t)x(t) + B_1(t)w(t),$$
$$z(t) = C_1(t)x(t), \quad x(0) = 0 \tag{6.2.1}$$

对给定的 $\gamma > 0$, 下面的叙述等价:

(1) $A(t)$ 是渐近稳定的, 且 $\|G_c(s)\|_\infty < \gamma$.

(2) 存在一个非负定 $T$ 周期函数矩阵 $P(t) = P^{\mathrm{T}}(t)$ 是周期 Riccati 微分方程的解, 即

$$\dot{P}(t) + A^{\mathrm{T}}(t)P(t) + P(t)A(t) + \gamma^{-2}P(t)B_1(t)B_1^{\mathrm{T}}(t)P(t) + C_1^{\mathrm{T}}(t)C(t) = 0 \tag{6.2.2}$$

且 $[A(t) + \gamma^{-2}B_1(t)B_1^{\mathrm{T}}(t)P(t)]$ 是渐近稳定的.

(3) 存在一个非负定 $T$-周期函数矩阵 $Q(t) = Q^{\mathrm{T}}(t) > 0$, 满足不等式

$$\dot{Q}(t) + A^{\mathrm{T}}(t)Q(t) + Q(t)A(t) + \gamma^{-2}Q(t)B_1(t)B_1^{\mathrm{T}}(t)Q(t) + C_1^{\mathrm{T}}(t)C(t) < 0 \tag{6.2.3}$$

由引理 6.2.1, 将闭环系统 (6.1.15) 的形式表示如下:

$$\dot{x}_1(t) = A_c(t)x_1(t) + B_{c1}(t)w(t) + B_{c2}(t)\bar{u}(t)$$
$$z(t) = C_{c1}(t)x_1(t) + D_{c1}(t)w(t) + D_{c2}(t)\bar{u}(t) \tag{6.2.4}$$

其中

$$A_c(t) = A_{11}(t) - \bar{A}_{12}(t)A_{21}(t),\ B_{c1}(t) = B_{11}(t) - \bar{A}_{12}(t)B_{12}(t),\ B_{c2}(t) = \bar{B}_{21}(t)$$
$$C_{c1}(t) = C_{11}(t) - \bar{C}_{12}(t)A_{21}(t),\ D_{c1}(t) = D_{11}(t) - \bar{C}_{12}(t)B_{12}(t),\ D_{c2}(t) = \bar{D}_{12}(t)$$

而

$$\overline{u}(t) = \overline{K}(t)x_1(t)$$

下面我们仅考虑两个特例.

(1) $D_{c1}(t) = D_{c2}(t) = 0$ 的特例.

为了证明状态反馈控制器存在条件的必要性, 我们需要如下引理.

**引理 6.2.2**　设 $Q \in \mathbf{R}^{n \times n}$ 为对称阵, $L \in \mathbf{R}^{r \times n}$ 为实矩阵且 $\text{rank}L = r$. 若对于满足 $Lx = 0$ 的任意非零向量 $x \in \mathbf{R}^n$, $x^\mathrm{T}Qx < 0$ 成立, 则存在正数 $\mu_0 > 0$, 使得

$$Q - \mu L^\mathrm{T}L < 0 \tag{6.2.5}$$

对所有 $\mu > \mu_0$ 成立.

**定理 6.2.1**　设给定 $\gamma > 0$, 对于系统 (6.2.4), 存在状态反馈阵 $\bar{K}(t)$ 使得闭环系统内部稳定, 且 $\|G_c(s)\|_\infty < \gamma$ 成立的充分必要条件是存在正数 $\varepsilon > 0$, 使得 Riccati 不等式

$$\dot{V}(t) + A_c^\mathrm{T}(t)V(t) + V(t)A_c(t) + V(t)(\gamma^{-2}B_{c1}(t)B_{c1}^\mathrm{T}(t) - \varepsilon^{-2}B_{c2}(t)B_{c2}^\mathrm{T}(t))V(t)$$
$$+ C_{c1}^\mathrm{T}(t)C_{c1}(t) < 0 \tag{6.2.6}$$

有对称正定解 $V(t) > 0$, 若式 (6.2.6) 有对称正定解, 则使系统 (6.2.4) 闭环稳定且 $\|G_c(s)\|_\infty < \gamma$ 成立的状态反馈阵由下式给出

$$\bar{K}(t) = -\frac{1}{2\varepsilon^2}B_{c2}^\mathrm{T}(t)V(t) \tag{6.2.7}$$

**证明**　由系统 (6.2.4) 和 $\overline{u}(t) = \overline{K}(t)x_1(t)$ 构成的闭环系统为

$$\dot{x}_1(t) = (A_c(t) + B_{c2}(t)\bar{K}(t))x_1(t) + B_{c1}(t)w(t)$$
$$z(t) = C_{c1}(t)x_1(t) \tag{6.2.8}$$

**充分性**　设存在 $\varepsilon > 0$, 使式 (6.2.8) 有对称正定解, 则令 $\bar{K}(t)$ 由式 (6.2.7) 给出, 整理式 (6.2.6) 得

$$\dot{V}(t) + (A_c(t) + B_{c2}(t)\bar{K}(t))^\mathrm{T}V(t) + V(t)(A_c(t) + B_{c2}(t)\bar{K}(t))$$
$$+ \gamma^{-2}V(t)B_{c1}(t)B_{c1}^\mathrm{T}(t)V(t) + C_{c1}^\mathrm{T}(t)C_{c1}(t) < 0 \tag{6.2.9}$$

由引理 6.2.1, 得 $A_c(t) + B_{c2}(t)\bar{K}(t)$ 为稳定阵且 $\|G_c(s)\|_\infty < \gamma$, 其中 $G_c(t) = C_{c1}(t)(sI - A_c(t) - B_{c2}(t)\bar{K}(t))^{-1}B_{c1}(t)$

**必要性** 设存在 $\bar{K}(t)$ 使得 $A_c(t) + B_{c2}(t)\bar{K}(t)$ 为稳定阵且 $\|G_c(s)\|_\infty < \gamma$ 成立.

由引理 6.2.1 可知, 存在对称正定解 $V_0(t) > 0$, 满足

$$\dot{V}_0(t) + (A_c(t) + B_{c2}(t)\bar{K}(t))^{\mathrm{T}}V_0(t) + V_0(t)(A_c(t) + B_{c2}(t)\bar{K}(t)) \\ + \gamma^{-2}V_0(t)B_{c1}(t)B_{c1}^{\mathrm{T}}(t)V_0(t) + C_{c1}^{\mathrm{T}}(t)C_{c1}(t) < 0 \tag{6.2.10}$$

令

$$Q = \dot{V}_0(t) + A_c^{\mathrm{T}}(t)V_0(t) + V_0(t)A(t) + \gamma^{-2}V_0(t)B_{c1}(t)B_{c1}^{\mathrm{T}}(t)V_0(t) + C_{c1}^{\mathrm{T}}(t)C_{c1}(t)$$
$$L = B_{c2}^{\mathrm{T}}(t)V_0(t)$$

则由式 (6.2.10) 可知, 对于任意满足 $Lx_1(t) = B_{c2}^{\mathrm{T}}(t)V_0(t)x_1(t) = 0$ 的非零向量 $x_1(t) \in \mathbf{R}^r$, $x_1(t)^{\mathrm{T}}Qx_1(t) < 0$ 成立, 根据引理 6.2.2, 存在正数 $\mu_0 > 0$, 使得

$$Q - \mu L^{\mathrm{T}}L < 0, \quad \forall \mu > \mu_0$$

即

$$\dot{V}_0(t) + A_c^{\mathrm{T}}(t)V_0(t) + V_0(t)A_c(t) + V_0(t)(\gamma^{-2}B_{c1}(t)B_{c1}^{\mathrm{T}}(t) - \mu B_{c2}(t)B_{c2}^{\mathrm{T}}(t))V_0(t) \\ + C_{c1}^{\mathrm{T}}(t)C_{c1}(t) < 0$$

令 $\varepsilon = 1/\sqrt{\mu}$, 则 $V_0(t)$ 满足式 (6.2.6).

(2) $D_{c1}(t) = 0$, $D_{c2}$ 列满秩的特例.

**定理 6.2.2** 对于给定的 $\gamma > 0$, 存在状态反馈阵 $\bar{K}(t)$ 使得闭环系统

$$\dot{x}_1(t) = (A_c(t) + B_{c2}(t)\bar{K}(t))x_1(t) + B_{c1}(t)w(t)$$
$$z(t) = (C_{c1}(t) + D_{c2}(t)\bar{K}(t))x_1(t) \tag{6.2.11}$$

内部稳定且 $\|G_c(s)\|_\infty < \gamma$ 成立的充分必要条件是存在对称正定阵 $V(t) > 0$, 满足 Riccati 不等式

$$\dot{V}(t) + A_c^{\mathrm{T}}(t)V(t) + V(t)A_c(t) + \gamma^{-2}V(t)B_{c1}(t)B_{c1}^{\mathrm{T}}(t)V(t) + C_{c1}^{\mathrm{T}}(t)C_{c1}(t) \\ - (V(t)B_{c2}(t) + C_{c1}^{\mathrm{T}}(t)D_{c2}(t))(D_{c2}^{\mathrm{T}}(t)D_{c2}(t))^{-1}(B_{c2}^{\mathrm{T}}(t)V(t) + D_{c2}^{\mathrm{T}}(t)C_{c1}(t)) < 0 \tag{6.2.12}$$

若上式有对称正定解 $V(t) > 0$, 则使闭环系统 (6.2.11) 稳定且 $\|G_c(s)\|_\infty < \gamma$ 成立的反馈阵 $\bar{K}(t)$ 由下式给出

$$\bar{K}(t) = -(D_{c2}^{\mathrm{T}}(t)D_{c2}(t))^{-1}(B_{c2}^{\mathrm{T}}(t)V(t) + D_{c2}^{\mathrm{T}}(t)C_{c1}(t)) < 0 \tag{6.2.13}$$

**证明** 设 $A_k(t) = A_c(t) + B_{c2}(t)\bar{K}(t), C_k(t) = C_{c1}(t) + D_{c2}(t)\bar{K}(t)$, 则该系统内部稳定等价于 $A_k(t)$ 是稳定阵. 由引理 6.2.1 知, $A_k(t)$ 为稳定阵且 $\|G_c(s)\|_\infty < \gamma$ 成立的充分必要条件是存在 $V(t) > 0$, 满足

$$\dot{V}(t) + A_k^{\mathrm{T}}(t)V(t) + V(t)A_k(t) + \gamma^{-2}V(t)B_1(t)B_1^{\mathrm{T}}(t)V(t) + C_k^{\mathrm{T}}(t)C(t) < 0 \quad (6.2.14)$$

整理上式, 得

$$\begin{aligned}
&\dot{V}(t) + A_c^{\mathrm{T}}(t)V(t) + V(t)A_c(t) + \gamma^{-2}V(t)B_{c1}(t)B_{c1}^{\mathrm{T}}(t)V(t) + C_{c1}^{\mathrm{T}}(t)C_{c1}(t) \\
&-(V(t)B_{c2}(t) + C_{c1}^{\mathrm{T}}(t)D_{c2}(t))(D_{c2}^{\mathrm{T}}(t)D_{c2}(t))^{-1}(B_{c2}^{\mathrm{T}}(t)V(t) + D_{c2}^{\mathrm{T}}(t)C_{c1}(t)) \\
&+N_k^{\mathrm{T}}(t)N_k(t) < 0
\end{aligned}$$

$$(6.2.15)$$

其中 $N_k(t) = D_{c2}(t)[\bar{K}(t) + (D_{c2}^{\mathrm{T}}(t)D_{c2}(t))^{-1}(B_{c2}^{\mathrm{T}}(t)V(t) + D_{c2}^{\mathrm{T}}(t)C_{c1}(t))]$, 因此如果存在状态反馈阵 $\bar{K}(t)$ 使得 $A_k(t)$ 为稳定阵且 $\|G_c(s)\|_\infty < \gamma$ 成立, 则式 (6.2.14) 有对称正定解, 而由式 (6.2.15) 知 $V(t)$ 满足 Riccati 不等式 (6.2.12). 反之, 若式 (6.2.12) 由对称正定解, 令 $\bar{K}(t)$ 由式 (6.2.15) 给出, 则式 (6.2.15) 成立, 因此 $A_k(t)$ 为稳定阵且 $\|G_c(s)\|_\infty < \gamma$ 成立.

由定理 6.2.2 可以得出下列正交条件成立时的状态反馈控制器正交条件:

$$D_{c2}^{\mathrm{T}}(t)(C_{c1}(t) \quad D_{c2}(t)) = (0, \quad I)$$

**推论 6.2.1** 若系统 (6.2.11) 满足正交条件, 则其 $H_\infty$ 控制问题有解得充分必要条件是 Riccati 不等式

$$\begin{aligned}
&\dot{V}(t) + A_c^{\mathrm{T}}(t)V(t) + V(t)A_c(t) + V(t)\{\gamma^{-2}B_{c1}(t)B_{c1}^{\mathrm{T}}(t) - B_{c2}(t)B_{c2}^{\mathrm{T}}(t)\}V(t) \\
&+ C_{c1}^{\mathrm{T}}(t)C_{c1}(t) < 0
\end{aligned}$$

$$(6.2.16)$$

有对称正定解 $V(t) > 0$. 若上式有解, 则使 $H_\infty$ 控制问题成立的一个特解为

$$\bar{K}(t) = -B_{c2}^{\mathrm{T}}(t)V(t) \quad (6.2.17)$$

由以上两个特例, 我们得到了问题 $P_3$ 的解, 再由式 (6.1.21)$\sim$ 式 (6.1.22), 即可得到问题 $P_2$ 的解, 以式 (6.1.5b) 表出.

**例 6.2.1** 在系统 (6.1.1) 中, 取周期 $T = 10$, 且当 $1 \leqslant t \leqslant 11$ 时, 各系数矩阵的表达式如下:

$$E = \begin{pmatrix} 1 & 0 \\ 0 & 0 \end{pmatrix}, \quad A(t) = \begin{pmatrix} -t & 0 \\ 0 & -1 \end{pmatrix}, \quad B_1(t) = \begin{pmatrix} t \\ 0 \end{pmatrix}, \quad B_2(t) = \begin{pmatrix} t-1 \\ 0 \end{pmatrix}$$

$$C_1(t) = (t \quad 0), \quad D_{11}(t) = 0, \quad D_{12}(t) = 0$$

**解**　显然该系统是脉冲能控, 且为 $R$ 能稳的. 由于 $A_{22}(t) = -1, B_{22}(t) = 1$, 并取 $\bar{K}_2(t) = t$, 则 $\bar{A}_{22}(t) = A_{22}(t) + B_{22}(t)\bar{K}_2(t) = t - 1$, 因此 $\bar{A}_{22}^{-1}(t) = \dfrac{1}{t-1}, \bar{A}_{22}^{-1}(t)B_{22}(t) = \dfrac{1}{t-1}, \bar{K}_2(t)\bar{A}_{22}^{-1}(t) = \dfrac{t}{t-1}$,
由定理 6.1.1, 可得

$$M(t) = \begin{pmatrix} \dfrac{1}{t-1} & -\dfrac{1}{t-1} \\ \dfrac{t}{t-1} & -\dfrac{1}{t-1} \end{pmatrix}$$

再由 $M(t)$ 变换的定义可得

$$\bar{A}_{12}(t) = A_{12}(t)M_{11}(t) + B_{21}(t)M_{21}(t) = t$$
$$\bar{B}_{21}(t) = A_{12}(t)M_{12}(t) + B_{21}(t)M_{22}(t) = -1$$
$$\bar{C}_{12}(t) = C_{12}(t)M_{11}(t) + D_{12}(t)M_{21}(t) = 0$$

则式 (6.2.4) 中闭环系统的各系数矩阵为

$$A_c(t) = A_{11}(t) - \bar{A}_{12}(t)A_{21}(t) = -t, B_{c1}(t) = B_{11}(t) - \bar{A}_{12}(t)B_{12}(t) = t,$$
$$B_{c2}(t) = \bar{B}_{21}(t) = -1$$
$$C_{c1}(t) = C_{11}(t) - \bar{C}_{12}(t)A_{21}(t) = t, D_{c1}(t) = D_{11}(t) - \bar{C}_{12}(t)B_{12}(t) = 0,$$
$$D_{c2}(t) = \bar{D}_{12}(t) = 0$$

满足定理 6.2.1 的前提条件, 这里我们取 $\gamma = 1, \varepsilon = 0.01$, 并令 $V(t) = t(1 \leqslant t \leqslant 11)$ 代入 Riccati 不等式 (6.2.6) 中, 有

$$1 + t(-t) + (-t)t + t^2(t^2 - 10000) + t^2 < 0 \text{ 成立}$$

由定理 6.2.1, 可以给出 $\bar{K}(t) = -\dfrac{1}{2\varepsilon^2}B_{c2}^{\mathrm{T}}(t)V(t) = 5000t.$
　　下面, 我们考虑式 (6.1.5a) 的情况, 即取 $K_2(t) = \bar{K}_2(t) = t,$

$$K_1(t) = (-M_{21}(t)A_{21}(t) + M_{21}(t)\bar{K}(t) - K_2(t)(-M_{11}(t)A_{21}(t) + M_{21}(t)\bar{K}_2(t)) = 5000t$$

则系统 (6.1.4) 可以表示为

$$\dot{x}_1(t) = -tx_1(t) + tw(t) - \bar{u}(t)$$
$$z(t) = tx_1(t)$$

将 $\bar{u}(t) = \overline{K}(t)x_1(t)$ 代入上式, 得

$$\dot{x}_1(t) = -5001tx_1(t) + tw(t)$$
$$z(t) = tx_1(t)$$

可以看出, 当 $w(t) = 0$ 时, 该闭环系统是内稳定的.

$$G_c(s) = t(s + 5001t)^{-1}t = \frac{t^2}{s + 5001t}$$

因此, $\|G_c(s)\|_\infty < 1$, 满足定理 6.2.1.

再将上面的结果代入到原系统中去, 经整理, 我们得到

$$\begin{pmatrix} I & 0 \\ 0 & 0 \end{pmatrix} \dot{x}(t) = \begin{pmatrix} 5000t^2 - 5001t & t(t-1) \\ 5000t & t-1 \end{pmatrix} x(t) + \begin{pmatrix} t \\ 0 \end{pmatrix} w(t)$$
$$z(t) = (t, \quad 0)x(t)$$

经计算,

$$G_c(s) = C_1(t)(sE - A(t))^{-1}B_1(t) = \frac{t^2}{s + 5001t}$$

因此, $\|G_c(s)\|_\infty < 1$ 成立.

MATLAB 仿真结果如图 6.1 所示

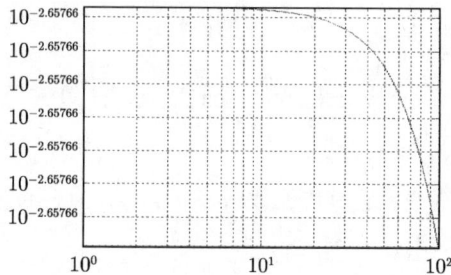

图 6.1

**例 6.2.2**　在例 6.2.1 中, 令 $C_1(t) = (t, \quad 1)$

**解**　仍取 $\bar{K}_2(t) = t$, 由例 1 计算所得的结果

$$M(t) = \begin{pmatrix} \dfrac{1}{t-1} & -\dfrac{1}{t-1} \\ \dfrac{t}{t-1} & \dfrac{1}{t-1} \end{pmatrix}$$

所以, 有 $\bar{A}_{12}(t) = t$, $\bar{B}_{21}(t) = -1$, $\bar{C}_{12}(t) = \dfrac{1}{t-1}$,

$A_c(t) = A_{11}(t) - \bar{A}_{12}(t)A_{21}(t) = -t$, $B_{c1}(t) = B_{11}(t) - \bar{A}_{12}(t)B_{12}(t) = t$,

$B_{c2}(t) = \bar{B}_{21}(t) = -1$

$C_{c1}(t) = C_{11}(t) - \bar{C}_{12}(t)A_{21}(t) = t$, $D_{c1}(t) = D_{11}(t) - \bar{C}_{12}(t)B_{12}(t) = 0$,

$D_{c2}(t) = \bar{D}_{12}(t) = -\dfrac{1}{t-1}$

满足定理 6.2.2 的前提条件, 仍取 $\gamma = 1, V(t) = t(1 \leqslant t \leqslant 11)$ 代入 Riccati 不等式 (6.2.16) 中, 经计算, 满足条件. 由定理 6.2.2, 取 $\bar{K}(t) = t^2(t-1)$ 经整理, 则系统 (6.2.11) 可以表示为

$$\dot{x}_1(t) = (-t^3 + t^2 - t)x_1(t) + tw(t)$$
$$z(t) = (t - t^2)x_1(t)$$

所以 $G_c(s) = \dfrac{t^2(1-t)}{s + t^3 - t^2 + t}, \|G_c(s)\|_\infty < 1$ 成立.

为了验证上面的结果, 仍要将它们代到原系统中去.

$$K(t) = (K_1(t) \quad K_2(t)) = (t^2(t-1), t)$$

经整理得

$$\begin{pmatrix} I & 0 \\ 0 & 0 \end{pmatrix} \dot{x}(t) = \begin{pmatrix} t^2(t-1)^2 - t & t(t-1) \\ t^2(t-1) & t-1 \end{pmatrix} x(t) + \begin{pmatrix} t \\ 0 \end{pmatrix} w(t)$$
$$z(t) = (t,\ 1)x(t)$$

经计算,

$$G_c(s) = C_1(t)(sE - A(t))^{-1}B_1(t) = \frac{t^2(1-t)}{s + t^3 - t^2 + t}$$

经验证, $\|G_c(s)\|_\infty < 1$.

MATLAB 仿真结果如图 6.2 所示

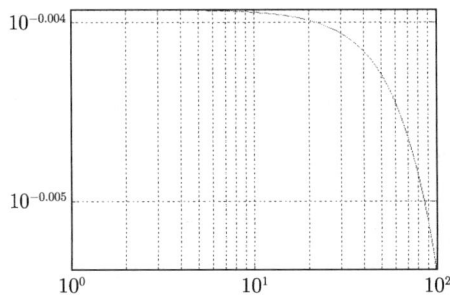

图 6.2

# 第7章　广义不确定周期时变系统的鲁棒稳定性

鲁棒控制是当今控制理论的一个研究热点, 它是针对控制系统中的不确定性而提出来的. 所谓鲁棒控制, 是指受控系统存在内部不确定性和 (或) 外部干扰的情况下, 设计静态或动态的反馈控制器, 使闭环系统满足预定的某项或某几项性能指标. 由于在实际的工程控制问题中, 受控系统本身的不确定性 (可由建模误差、降维误差、运行误差等因素引起) 以及外界不确定性 (诸如不可知干扰输入、环境噪声等) 经常是不可避免的. 因此, 对鲁棒控制问题的研究具有重要的实际意义.

自 Rosenbrock 于 1974 年首次提出广义系统的概念以来, 广义系统理论的研究已经取得了长足的发展, 许多有关正常系统的结论被推广到广义系统中去, 而对鲁棒控制问题的研究方法也是多种多样的. Fang 讨论了广义不确定系统的鲁棒稳定性及鲁棒控制问题, 利用模矩阵的有关性质, 得到了使所考虑系统鲁棒稳定的摄动的最大上界, 并在此基础上, 给出了鲁棒控制的有关结论. Huang 针对具有一般的结构不确定广义系统, 利用矩阵测度的概念, 得到了系统鲁棒稳定的充分条件. 随着进一步的研究, Xie 首次引入了 "二次稳定" 这一概念, 并研究了参数不确定系统二次稳定的各种等价条件. 申铁龙采用 $H_\infty$ 控制方法将复杂的鲁棒控制问题归结为求解 Riccati 方程的问题, 简化了鲁棒控制的设计过程. 当 Lyapunov 方法日益成为稳定性研究的重要工具时, 张庆灵利用广义线性系统的 Lyapunov 方程和 Riccati 方程研究系统的鲁棒稳定性分析与综合问题. 此后, 杨冬梅基于矩阵不等式方法给出了一类参数不确定性广义系统的鲁棒稳定性判据. 在广义时变系统的研究方面, Bittati 初步分析了广义时变周期系统的稳定性, Campell 给出了广义时变系统能控能观的判定条件, 而苏晓明运用 Lyapunov 不等式研究了广义时变周期系统的允许性, 并得到了系统允许的充分必要条件. 但相对于广义定常系统来说, 这些成果还不够成熟, 尤其在鲁棒稳定及镇定方面的研究还很少.

本章基于以往的研究成果, 采用矩阵不等式方法, 研究了广义周期时变系统的鲁棒稳定性问题, 得到了系统鲁棒稳定的充分必要条件, 并给出了保证闭环系统鲁棒稳定的状态反馈镇定器的设计方法, 最后讨论了二次稳定性与鲁棒稳定性的关系.

## 7.1　鲁棒稳定性

考虑如下参数不确定性广义周期时变系统

$$E\dot{x}(t) = [A(t) + \Delta A(t)]x(t) \tag{7.1.1}$$

这里, $x(t) \in \mathbf{R}^n$ 是系统的状态变量, $A(t)$ 是适当维数的解析的 $T$ 周期函数矩阵, $E$ 为定常矩阵, 且 $\mathrm{rank}(E(t)) = q \leqslant n$, $\Delta A(t)$ 为具有适当维数的不确定矩阵, 且具有如下形式

$$\Delta A(t) = D(t)F(t)M(t) \tag{7.1.2}$$

其中 $D(t)$ 和 $M(t)$ 为适当维数的解析的 $T$ 周期函数矩阵, $F(t)$ 是具有 Lebesgue 可测元的不确定实矩阵, 且满足

$$F^{\mathrm{T}}(t)F(t) \leqslant I$$

**定义 7.1.1** 系统 (7.1.1) 称为允许的, 如果它是正则、稳定、无脉冲的.

**定义 7.1.2** 如果系统 (7.1.1) 对给定的不确定性 $\Delta A(t)$ 都是允许的, 则称系统 (7.1.1) 是鲁棒稳定的.

当 $\Delta A(t) = 0$ 时, 系统 (7.1.1) 为

$$E\dot{x}(t) = A(t)x(t) \tag{7.1.3}$$

称为系统 (7.1.1) 的标称系统.

**引理 7.1.1** 设广义周期系统 (7.1.2) 解析可解, 则系统 (7.1.2) 是允许的充要条件是 Lyapunov 不等式

$$\begin{cases} A^{\mathrm{T}}(t)V(t) + V^{\mathrm{T}}(t)A(t) + E^{\mathrm{T}}\dot{V}(t) < 0 \\ E^{\mathrm{T}}V(t) = V^{\mathrm{T}}(t)E \geqslant 0 \end{cases} \tag{7.1.4}$$

有解. 显然, 由引理 7.1.1 我们可以看出, 若系统 (7.1.1) 是鲁棒稳定的, 则满足如下 Lyapunov 不等式

$$\begin{cases} (A(t) + \Delta A(t))^{\mathrm{T}}V(t) + V^{\mathrm{T}}(t)(A(t) + \Delta A(t)) + E^{\mathrm{T}}\dot{V}(t) < 0 \\ E^{\mathrm{T}}V(t) = V^{\mathrm{T}}(t)E \geqslant 0 \end{cases} \tag{7.1.5}$$

**引理 7.1.2** 对于任意的 $x \in \mathbf{R}^n$, 有

$$\max\{(x^{\mathrm{T}}MF(t)Nx)^2 | F^{\mathrm{T}}(t)F(t) \leqslant I\} = (x^{\mathrm{T}}MM^{\mathrm{T}}x)(x^{\mathrm{T}}N^{\mathrm{T}}Nx)$$

其中 $M$ 和 $N$ 是具有适当维数的实矩阵.

**引理 7.1.3** 设矩阵 $M, N, P \in \mathbf{R}^{n \times n}$, 满足 $M \geqslant 0, N \geqslant 0$ 和 $P < 0$, 如果对于任意的非零向量 $x \in \mathbf{R}^n$, 有

$$(x^{\mathrm{T}}Px)^2 - 4(x^{\mathrm{T}}Mx)(x^{\mathrm{T}}Nx) > 0$$

则存在常数 $\lambda > 0$, 使得下式成立

$$\lambda^2 M + \lambda P + N < 0$$

对于上述形式的参数不确定广义周期时变系统 (7.1.1), 有下面的鲁棒稳定性判据.

**定理 7.1.1**　系统 (7.1.1) 为鲁棒稳定的充分必要条件是存在可逆矩阵 $V(t) \in \mathbf{R}^{n \times n}$ 及常数 $\varepsilon > 0$. 满足线性矩阵不等式 (LMI)

$$\begin{pmatrix} E\dot{V}(t) + A^{\mathrm{T}}(t)V(t) + V^{\mathrm{T}}(t)A(t) & \varepsilon^{-1}V^{\mathrm{T}}(t)D(t) & \varepsilon M^{\mathrm{T}}(t) \\ \varepsilon^{-1}D^{\mathrm{T}}(t)V(t) & -I & 0 \\ \varepsilon M(t) & 0 & -I \end{pmatrix} < 0 \tag{7.1.6}$$
$$E^{\mathrm{T}}V(t) = V^{\mathrm{T}}(t)E \geqslant 0$$

**证明**　式 (7.1.6) 等价于存在可逆矩阵 $V(t)$ 及常数 $\varepsilon > 0$, 使得下式成立

$$E\dot{V}(t) + A^{\mathrm{T}}(t)V(t) + V^{\mathrm{T}}(t)A(t) + \varepsilon^{-2}V^{\mathrm{T}}(t)D(t)D^{\mathrm{T}}(t)V(t) + \varepsilon^2 M^{\mathrm{T}}(t)M(t) < 0$$

$$E^{\mathrm{T}}V(t) = V^{\mathrm{T}}(t)E \geqslant 0 \tag{7.1.7}$$

**充分性.** 设存在可逆矩阵 $V(t)$ 及常数 $\varepsilon > 0$, 满足式 (7.1.7), 则对于所有允许的不确定性 $\Delta A(t)$, 有

$$\begin{aligned} &E\dot{V}(t) + (A(t) + \Delta A(t))^{\mathrm{T}}V(t) + V^{\mathrm{T}}(t)(A(t) + \Delta A(t)) \\ =\ & E\dot{V}(t) + (A(t) + D(t)F(t)M(t))^{\mathrm{T}}V(t) + V^{\mathrm{T}}(t)(A(t) + D(t)F(t)M(t)) \\ =\ & E\dot{V}(t) + A^{\mathrm{T}}(t)V(t) + V^{\mathrm{T}}(t)A(t) + M^{\mathrm{T}}(t)F^{\mathrm{T}}(t)D^{\mathrm{T}}(t)V(t) + V^{\mathrm{T}}(t)D(t)F(t)M(t) \\ \leqslant\ & E\dot{V}(t) + A^{\mathrm{T}}(t)V(t) + V^{\mathrm{T}}(t)A(t) + \varepsilon^{-2}V^{\mathrm{T}}(t)D(t)D^{\mathrm{T}}(t)V(t) + \varepsilon^2 M^{\mathrm{T}}(t)M(t) \end{aligned}$$

于是, 由引理 7.1.1, 得

$$\begin{cases} (A(t) + \Delta A(t))^{\mathrm{T}}V(t) + V^{\mathrm{T}}(t)(A(t) + \Delta A(t)) + E^{\mathrm{T}}\dot{V}(t) < 0 \\ E^{\mathrm{T}}V(t) = V^{\mathrm{T}}(t)E \geqslant 0 \end{cases}$$

则系统 (7.1.1) 是鲁棒稳定的.

**必要性.** 设系统 (7.1.1) 是鲁棒稳定的, 则对于所有允许的不确定性 $\Delta A(t)$, 存在可逆矩阵 $V(t)$ 满足 (7.1.5), 即

$$E\dot{V}(t) + A^{\mathrm{T}}(t)V(t) + V^{\mathrm{T}}(t)A(t) + M^{\mathrm{T}}(t)F^{\mathrm{T}}(t)D^{\mathrm{T}}(t)V(t) + V^{\mathrm{T}}(t)D(t)F(t)M(t) < 0$$

令 $P = E\dot{V}(t) + A^{\mathrm{T}}(t)V(t) + V^{\mathrm{T}}(t)A(t)$, 则对于任意的非零向量 $x \in \mathbf{R}^n$, 可得

$$x^{\mathrm{T}}Px < -2x^{\mathrm{T}}V^{\mathrm{T}}(t)D(t)F(t)M(t)x$$

则

$$x^{\mathrm{T}}Px < -2\max\{x^{\mathrm{T}}V^{\mathrm{T}}(t)D(t)F(t)M(t)x|F^{\mathrm{T}}(t)F(t) \leqslant I\} \leqslant 0$$

于是

$$(x^{\mathrm{T}}Px)^2 > 4\max\{(x^{\mathrm{T}}V^{\mathrm{T}}(t)D(t)F(t)M(t)x)^2|F^{\mathrm{T}}(t)F(t) \leqslant I\}$$

由引理 7.1.2

$$(x^{\mathrm{T}}Px)^2 > 4(x^{\mathrm{T}}V^{\mathrm{T}}(t)D(t)D^{\mathrm{T}}(t)V(t)x)(x^{\mathrm{T}}M^{\mathrm{T}}(t)M(t)x)$$

由引理 7.1.3, 存在常数 $\lambda > 0$, 使得

$$M^{\mathrm{T}}(t)M(t) + \lambda P + \lambda^2 V^{\mathrm{T}}(t)D(t)D^{\mathrm{T}}(t)V(t) < 0$$

对上式两端同除以 $\lambda$, 且令 $\lambda = \varepsilon^{-2}$, 得

$$E\dot{V}(t) + A^{\mathrm{T}}(t)V(t) + V^{\mathrm{T}}(t)A(t) + \varepsilon^{-2}V^{\mathrm{T}}(t)D(t)D^{\mathrm{T}}(t)V(t) + \varepsilon^2 M^{\mathrm{T}}(t)M(t) < 0$$

再由 Schur 补引理, 即得式 (7.1.6).

## 7.2 鲁棒镇定方法

在前面鲁棒稳定性分析的基础上, 下面将进一步讨论保证闭环系统是允许的状态反馈鲁棒镇定控制器的设计方法.

考虑如下不确定广义周期时变系统

$$E\dot{x}(t) = [A(t) + \Delta A(t)]x(t) + [B(t) + \Delta B(t)]u(t) \tag{7.2.1}$$

其中 $\Delta A(t)$, $\Delta B(t)$ 为具有适当维数的不确定矩阵, 且具有如下形式

$$\left( \begin{array}{cc} \Delta A(t), & \Delta B(t) \end{array} \right) = D(t)F(t) \left( \begin{array}{cc} M_1(t), & M_2(t) \end{array} \right)$$

这里, 矩阵 $D(t), M_1(t), M_2(t)$ 和 $F(t)$ 的意义同上所述, 且 $F^{\mathrm{T}}(t)F(t) \leqslant I$.

当 $\Delta A(t) = 0$, $\Delta B(t) = 0$ 时, 系统 (7.2.1) 成为

$$E\dot{x}(t) = A(t)x(t) + B(t)u(t) \tag{7.2.2}$$

称系统 (7.2.2) 为标称系统.

考虑状态反馈

$$u(t) = K(t)x(t) \tag{7.2.3}$$

则它与系统 (7.2.2) 构成的闭环系统为

$$E\dot{x}(t) = [A_c(t) + \Delta A_c(t)]x(t) \tag{7.2.4}$$

其中 $A_c(t) = A(t) + B(t)K(t)$, $\Delta A_c(t) = \Delta A(t) + \Delta B(t)K(t)$.

对于系统 (7.2.1), 设计一个状态反馈 (7.2.3), 使闭环系统 (7.2.4) 是鲁棒稳定的, 相应的控制器称为鲁棒镇定器.

下面给出了一个状态反馈鲁棒镇定器的设计方法

**定理 7.2.1**　如果存在可逆矩阵 $V(t) \in \mathbf{R}^{n \times n}$ 及常数 $\varepsilon > 0$. 满足线性矩阵不等式 (为书写方便, 这里省略时间变量, 但各矩阵仍是时变的)

$$\begin{pmatrix} V^{\mathrm{T}}E\dot{V}^{-1}V + AV + V^{\mathrm{T}}A^{\mathrm{T}} - B(I + \varepsilon^2 M_2^{\mathrm{T}} M_2)^{-1}B^{\mathrm{T}} & \sqrt{2}\varepsilon^{-1}D & \varepsilon V^{\mathrm{T}}M_1^{\mathrm{T}} \\ \sqrt{2}\varepsilon^{-1}D^{\mathrm{T}} & -I & 0 \\ \varepsilon M_1 V & 0 & -I \end{pmatrix} < 0$$
$$EV = V^{\mathrm{T}}E^{\mathrm{T}} \geqslant 0$$
$$\tag{7.2.5}$$

则存在反馈控制器 (7.2.3) 使闭环系统是鲁棒稳定的. 若上述条件成立, 则所求的一个状态反馈鲁棒镇定器为

$$K(t) = -(I + \varepsilon^2 M_2^{\mathrm{T}}(t)M_2(t))^{-1}B^{\mathrm{T}}(t)V^{-1}(t) \tag{7.2.6}$$

**证明**　假设存在可逆矩阵 $V(t)$ 及常数 $\varepsilon > 0$, 满足式 (7.2.6), 且 $K(t)$ 由 (7.2.6 式给出. 记 $Y(t) = \begin{pmatrix} V^{-1}(t) & 0 & 0 \\ 0 & I & 0 \\ 0 & 0 & I \end{pmatrix}$, 对式 (7.2.5) 分别左乘矩阵 $Y^{\mathrm{T}}(t)$ 和右乘矩阵 $Y(t)$, 且令 $X(t) = V^{-1}(t)$, 得

$$\begin{pmatrix} E\dot{X} + A^{\mathrm{T}}X + X^{\mathrm{T}}A - X^{\mathrm{T}}B(I + \varepsilon^2 M_2^{\mathrm{T}} M_2)^{-1}B^{\mathrm{T}}X & \sqrt{2}\varepsilon^{-1}X^{\mathrm{T}}D & \varepsilon M_1^{\mathrm{T}} \\ \sqrt{2}\varepsilon^{-1}D^{\mathrm{T}}X & -I & 0 \\ \varepsilon M_1 & 0 & -I \end{pmatrix} < 0$$
$$E^{\mathrm{T}}X = X^{\mathrm{T}}E \geqslant 0$$
$$\tag{7.2.7}$$

令

$$\hat{Q} = E\dot{X}(t) + A^{\mathrm{T}}(t)X(t) + X^{\mathrm{T}}(t)A(t) + 2\varepsilon^{-2}X^{\mathrm{T}}(t)D(t)D^{\mathrm{T}}(t)X(t) + \varepsilon^2 M_1^{\mathrm{T}}(t)M_1(t)$$
$$- X^{\mathrm{T}}(t)B(t)(I + \varepsilon^2 M_2^{\mathrm{T}}(t)M_2(t))^{-1}B^{\mathrm{T}}(t)X(t) < 0 \tag{7.2.8}$$

又由于

$$\Delta A_c(t) = \Delta A(t) + \Delta B(t)K(t) = (D(t) \quad D(t)) \begin{pmatrix} F(t) & 0 \\ 0 & F(t) \end{pmatrix} \begin{pmatrix} M_1(t) \\ M_2(t)K(t) \end{pmatrix}$$
$$= \bar{D}(t)\bar{F}(t)\bar{M}(t)$$

其中 $\bar{D}(t) = (D(t) \quad D(t))$, $\bar{F}(t) = \begin{pmatrix} F(t) & 0 \\ 0 & F(t) \end{pmatrix}$, $\bar{M}(t) = \begin{pmatrix} M_1(t) \\ M_2(t)K(t) \end{pmatrix}$, 因为 $F^{\mathrm{T}}(t)F(t) \leqslant I$, 则有 $\bar{F}^{\mathrm{T}}(t)\bar{F}(t) \leqslant I$, 于是

$$\begin{aligned} Q &= E\dot{X}(t) + A_c^{\mathrm{T}}(t)X(t) + X^{\mathrm{T}}(t)A_c(t) + \varepsilon^{-2}X^{\mathrm{T}}(t)\bar{D}(t)\bar{D}^{\mathrm{T}}(t)X(t) + \varepsilon^2\bar{M}^{\mathrm{T}}(t)\bar{M}(t) \\ &= E\dot{X}(t) + A^{\mathrm{T}}(t)X(t) + X^{\mathrm{T}}(t)A(t) + K^{\mathrm{T}}(t)B^{\mathrm{T}}(t)X(t) + X^{\mathrm{T}}(t)B(t)K(t) \\ &\quad + 2\varepsilon^{-2}X^{\mathrm{T}}(t)D(t)D^{\mathrm{T}}(t)X(t) + \varepsilon^2 M_1^{\mathrm{T}}(t)M_1(t) + \varepsilon^2 K^{\mathrm{T}}(t)M_2^{\mathrm{T}}(t)M_2(t)K(t) \end{aligned}$$

$$(7.2.9)$$

将 $K(t)$ 的表达式代入, 整理得

$$Q + K^{\mathrm{T}}(t)K(t) = \hat{Q}$$

由式 (7.2.8) 及式 (7.2.9), 得 $Q < 0$, 即

$$E\dot{X}(t) + A_c^{\mathrm{T}}(t)X(t) + X^{\mathrm{T}}(t)A_c(t) + \varepsilon^{-2}X^{\mathrm{T}}(t)\bar{D}(t)\bar{D}^{\mathrm{T}}(t)X(t) + \varepsilon^2\bar{M}^{\mathrm{T}}(t)\bar{M}(t) < 0$$

再由 Schur 补引理, 得

$$\begin{pmatrix} E\dot{X}(t) + A_c^{\mathrm{T}}(t)X(t) + X^{\mathrm{T}}(t)A_c(t) & \varepsilon^{-1}X^{\mathrm{T}}(t)\bar{D}(t) & \varepsilon\bar{M}^{\mathrm{T}}(t) \\ \varepsilon^{-1}\bar{D}^{\mathrm{T}}(t)X(t) & -I & 0 \\ \varepsilon\bar{M}(t) & 0 & -I \end{pmatrix} < 0$$

由定理 7.1.1, 知闭环系统 (7.2.5) 是鲁棒稳定的.

## 7.3 二次稳定性

下面, 我们将介绍不确定广义周期时变系统的二次稳定性概念, 并讨论二次稳定性与鲁棒稳定性的关系.

对于系统 (7.1.1), 其不确定性 $\Delta A(t)$ 具有式 (7.1.2) 的结构, 取如下广义 Lyapunov 函数

$$V(t) = x^{\mathrm{T}}E^{\mathrm{T}}V(t)x \tag{7.3.1}$$

其中 $V(t) \in \mathbf{R}^{n \times n}$, 上式对 $t$ 求导, 得

$$\dot{V}(t) = x^{\mathrm{T}}\{E\dot{V}(t) + [A(t) + \Delta A(t)]^{\mathrm{T}}V(t) + V^{\mathrm{T}}(t)[A(t) + \Delta A(t)]\}x \tag{7.3.2}$$

**定义 7.3.1**　对于系统 (7.1.1), 若存在矩阵 $V(t) \in \mathbf{R}^{n \times n}$ 和正定矩阵 $W(t) \in \mathbf{R}^{n \times n}$, 使得系统 (7.1.1) 满足

$$\begin{cases} E^{\mathrm{T}}\dot{V}(t) + (A(t) + \Delta A(t))^{\mathrm{T}}V(t) + V^{\mathrm{T}}(t)(A(t) + \Delta A(t)) \leqslant W(t) \\ E^{\mathrm{T}}V(t) = V^{\mathrm{T}}(t)E \geqslant 0 \end{cases} \tag{7.3.3}$$

则称系统 (7.1.1) 是二次稳定的.

**定理 7.3.1**　对于系统 (7.1.1), 其不确定性 $\Delta A(t)$ 具有式 (7.1.2) 的结构, 则系统 (7.1.1) 二次稳定的充分必要条件是该系统为鲁棒稳定的.

**证明**　必要性　由定义 7.3.1 可知, 若系统 (7.1.1) 二次稳定, 则存在矩阵 $V(t) \in \mathbf{R}^{n \times n}$ 和正定矩阵 $W(t) \in \mathbf{R}^{n \times n}$, 使式 (7.3.3) 成立, 得

$$E\dot{V}(t) + [A(t) + \Delta A(t)]^{\mathrm{T}}V(t) + V^{\mathrm{T}}(t)[A(t) + \Delta A(t)] \leqslant W(t) < 0$$

即系统是鲁棒稳定的.

充分性　设系统 (7.1.1) 是鲁棒稳定的, 由定理 7.1.1, 存在可逆矩阵 $V(t)$, 满足如下不等式

$$E\dot{V}(t) + A^{\mathrm{T}}(t)V(t) + V^{\mathrm{T}}(t)A(t) + V^{\mathrm{T}}(t)D(t)D^{\mathrm{T}}(t)V(t) + M^{\mathrm{T}}(t)M(t) < 0$$

$$E^{\mathrm{T}}V(t) = V^{\mathrm{T}}(t)E \tag{7.3.4}$$

由于

$$\begin{aligned} & E\dot{V}(t) + (A(t) + \Delta A(t))^{\mathrm{T}}V(t) + V^{\mathrm{T}}(t)(A(t) + \Delta A(t)) \\ = {} & E\dot{V}(t) + (A(t) + D(t)F(t)M(t))^{\mathrm{T}}V(t) + V^{\mathrm{T}}(t)(A(t) + D(t)F(t)M(t)) \\ = {} & E\dot{V}(t) + A^{\mathrm{T}}(t)V(t) + V^{\mathrm{T}}(t)A(t) + M^{\mathrm{T}}(t)F^{\mathrm{T}}(t)D^{\mathrm{T}}(t)V(t) + V^{\mathrm{T}}(t)D(t)F(t)M(t) \\ \leqslant {} & E\dot{V}(t) + A^{\mathrm{T}}(t)V(t) + V^{\mathrm{T}}(t)A(t) + V^{\mathrm{T}}(t)D(t)D^{\mathrm{T}}(t)V(t) + M^{\mathrm{T}}(t)M(t) \end{aligned}$$

令 $W(t) = -(E\dot{V}(t) + A^{\mathrm{T}}(t)V(t) + V^{\mathrm{T}}(t)A(t) + V^{\mathrm{T}}(t)D(t)D^{\mathrm{T}}(t)V(t) + M^{\mathrm{T}}(t)M(t))$, 由式 (7.3.4) 得 $W(t) > 0$, 于是有

$$\begin{cases} E^{\mathrm{T}}\dot{V}(t) + (A(t) + \Delta A(t))^{\mathrm{T}}V(t) + V^{\mathrm{T}}(t)(A(t) + \Delta A(t)) \leqslant W(t) \\ E^{\mathrm{T}}V(t) = V^{\mathrm{T}}(t)E \geqslant 0 \end{cases}$$

成立, 则系统 (7.1.1) 是二次稳定的.

## 7.4　数　值　算　例

**例 7.4.1**　在系统 (7.1.1) 中, 取周期 $T = 10$, 且当 $1 \leqslant t \leqslant 11$ 时, 各系数矩阵的表达式如下

$$E = \begin{pmatrix} 1 & 0 \\ 0 & 0 \end{pmatrix}, \quad A(t) = \begin{pmatrix} -t & 0 \\ 0 & t \end{pmatrix}, \quad B(t) = \begin{pmatrix} -t \\ t \end{pmatrix}, \quad D(t) = \begin{pmatrix} 0.1t \\ -0.5t \end{pmatrix}$$

$$M_1(t) = (-0.05t, \quad 0.1t), \quad M_2(t) = 0.1t$$

取 $\varepsilon = 1$, 计算得

$$V(t) = \begin{pmatrix} \mathrm{e}^t & 0 \\ 0 & -t \end{pmatrix}$$

满足线性矩阵不等式 (7.2.5), 得控制器增益

$$K(t) = \frac{1}{1 + 0.01t^2}(t\mathrm{e}^{-t}, \quad 1)$$

使得闭环系统是鲁棒稳定的.

# 第 8 章　广义离散周期系统的因果控制

在过去的十几年中, 人们开始对广义时变连续和离散系统进行研究, 有学者通过一个解析的坐标变换将一个解析可解的广义线性时变系统化为标准规范形式, 讨论了广义线性时变系统的能控性和能观性. 根据给定的输出结构, 将系统分解成能观子空间和不能观子空间. Takaba 利用线性矩阵不等式给出了广义线性时不变系统的鲁棒 $H_2$ 性能指标. 于是, 对于广义线性时不变系统, 一个相当完备的理论体系已经建立起来. 近年来很多学者着手研究广义周期时变系统, 其重要成果之一是建立了正常线性周期系统与一类线性时不变广义系统的等价关系, 并且利用此关系将分散控制技术应用于周期时变离散系统中, 解决了该系统的稳定性和极点配置问题. 此外, Bittanti 还建立了 Lyapunov 方程和 Lyapunov 不等式, 并利用它们研究 Lyapunov 稳定性问题. 在此基础上, Sreedhar 给出了广义线性周期系统的可解性与条件性等价的结论.

广义线性系统的内涵之一是存在非因果性 (脉冲性). 早期工作是在 1981 年, Cobb 给出了利用状态反馈消除脉冲 (非因果) 的充分与必要条件. 然而对于广义时变系统, 这方面的研究却很少, 为此我们准备利用线性状态反馈 $u(t) = K(t)x(t)$ 和输出反馈 $u(t) = K(t)y(t)$ 来使闭环系统的自然响应具有因果性. 即寻找线性状态反馈律 $K(t)$, 使闭环系统的自然响应具有因果性, 这就是所谓的因果控制问题. 类似地, 可以进一步讨论鲁棒因果控制问题.

本章重点讨论广义线性周期系统. 我们将利用 Gramian 矩阵这一工具得到广义线性周期系统因果能控和因果能观的充分必要条件. 得到的这一结果不仅在结构上简单明了, 而且在使用上也很方便. 在此基础上, 可类似地得出该系统鲁棒因果能控和因果能观的充分必要条件.

## 8.1　Y 能 控 性

### 8.1.1　系统描述与预备知识

在本节中, 我们将利用 Gramian 矩阵技术研究广义线性周期系统的因果能控性和因果能观性.

下面介绍的预备知识中, 部分定义、引理已经在第 4 章中介绍过, 但为了阅读方便, 有些概念和结论还需重复介绍.

考虑下面广义线性周期系统

$$E(t)x(t+1) = A(t)x(t) + B(t)u(t), y(t) = C(t)x(t), \quad t = 1, 2, \cdots \quad (8.1.1)$$

其中 $x(t) \in \mathbf{R}^n$ 是状态向量, $u(t) \in \mathbf{R}^r$ 是输入向量, $y(t) \in \mathbf{R}^n$ 是输出向量, $E(t) \in \mathbf{R}^{n \times n}$ 是函数矩阵, 且 $\mathrm{rank}(E(t)) = q \leqslant n$, $A(t), B(t), C(t)$ 是具有适当维数的 $T$ 周期矩阵, 即

$$E(t+T) = E(t), \quad A(t+T) = A(t)$$

$$B(t+T) = B(t), \quad C(t+T) = C(t) \quad (8.1.2)$$

**定义 8.1.1**  系统 (8.1.1) 被称为解析可解的, 若对于任意的解析强迫函数 $B(t)u(t)$, 系统的解存在, 并且当解存在时, 其解可由任意给定的初始条件所唯一确定.

我们研究的对象是一类解析可解的广义线性周期系统, 即系统矩阵 $E(t), A(t), B(t), C(t)$ 是实值、解析的函数周期矩阵. 我们将通过坐标变换, 将系统 (8.1.1) 分解成两个子系统. 由于系统的因果行为只与某一个子系统有关, 因此我们首先讨论系统的分解.

**定义 8.1.2**  设 $P(t), Q(t)$ 是可逆的实值函数矩阵, 则称系统 (8.1.1) 与

$$P(t)E(t)(Q(t)z(t+1)) = P(t)A(t)(Q(t)z(t)) + P(t)B(t)u(t)$$
$$y(t) = C(t)x(t)$$

是受限等价的.

**引理 8.1.1**  设 $E(t), A(t), B(t), C(t)$ 是解析的, 系统 (8.1.1) 是解析可解的, 则系统 (8.1.1) 受限等价于

$$\begin{pmatrix} I & 0 \\ 0 & 0 \end{pmatrix} \begin{pmatrix} x_1(t+1) \\ x_2(t+1) \end{pmatrix} = \begin{pmatrix} A_{11}(t) & A_{12}(t) \\ A_{21}(t) & A_{22}(t) \end{pmatrix} \begin{pmatrix} x_1(t) \\ x_2(t) \end{pmatrix} + \begin{pmatrix} B_1(t) \\ B_2(t) \end{pmatrix} u(t)$$
$$y(t) = C(t)x(t) \quad (8.1.3)$$

其中

$$P(t)E(t)Q(t) = \begin{pmatrix} I & 0 \\ 0 & 0 \end{pmatrix}, \quad P(t)A(t)Q(t) = \begin{pmatrix} A_{11}(t) & A_{12}(t) \\ A_{21}(t) & A_{22}(t) \end{pmatrix}$$
$$P(t)B(t) = [B_1(t)/B_2(t)], \quad Q^{-1}(t)x(t) = [x_1(t)/x_2(t)]$$

**定义 8.1.3**  系统 (8.1.1) 在 $k$ 时刻称为状态因果的, 如果状态 $x(k)$ 可唯一地被初始状态 $x_0$ 和输入 $u(0), u(1), \cdots, u(k)$ 所唯一确定, 否则称系统 (8.1.1) 是非因果的. 若系统 (8.1.1) 在任何时刻都是状态因果的, 则称系统 (8.1.1) 是状态因果的.

由引理 8.1.1 知, 系统 (8.1.1) 的因果性只依赖于子系统

$$A_{21}(t)x_1(t) + A_{22}(t)x_2(t) + B_2(t)u(t) = 0$$

此外, 系统 (8.1.3) 是因果的充分必要条件是 $A_{22}(t)$ 可逆, 并且对于受限等价的系统, 因果性是不变的.

**定义 8.1.4**　系统 (8.1.1) 被称为是 Y 能控的, 如果存在一个周期的状态反馈 $K(t)$, 使得产生的闭环系统

$$E(t)x(t+1) = [A(t) + B(t)K(t)]x(t), \quad y(t) = C(t)x(t) \tag{8.1.4}$$

是状态因果的.

### 8.1.2　Y 能控性

首先, 我们给出扩展的 Gramian 矩阵的定义.

**定义 8.1.5**　设 $A(t) = [a_1(t)/a_2(t)/\cdots/a_m(t)]$ 是定义在 $[0,T]$ 上的一个 $m \times n$ 连续函数矩阵, 其中

$$a_i(t) = (a_{i1}(t), a_{i2}(t), \cdots, a_{in}(t)), \quad i = 1, 2, \cdots, m$$

设

$$g_{ij} = \int_0^T a_i(t)a_j^{\mathrm{T}}(t)\mathrm{d}t$$
$$G = (g_{ij})_{m \times m}, \quad i, j = 1, 2, \cdots, m \tag{8.1.5}$$

则称 $G$ 是矩阵 $A(t)$ 的 Gramian 矩阵.

从而我们有下述结果.

**引理 8.1.2**　设 $A(t) = [a_1(t)/a_2(t)/\cdots/a_m(t)]$ 是定义于区间 $[0,T]$ 上的一个 $m \times n$ 连续函数矩阵, 则连续的函数向量 $a_1(t), a_2(t), \cdots, a_m(t)$ 是线性无关的充分必要条件为 $\mathrm{rank}(G) = m$.

于是可得出下面的结论.

**定理 8.1.1**　系统 (8.1.1) 是 Y 能控的充分必要条件是 $[A_{22}(t), B_2(t)]$ 的 Gramian 矩阵满秩.

**证明**　必要性. 假设系统 (8.1.1) 是 Y 能控的, 则存在一个周期的反馈矩阵 $K(t)$, 使得闭环系统 (8.1.4) 是因果的, 由式 (8.1.3) 得

$$\begin{pmatrix} I & 0 \\ 0 & 0 \end{pmatrix} \begin{pmatrix} x_1(t+1) \\ x_2(t+1) \end{pmatrix} = \begin{pmatrix} \theta_{11} & \theta_{12} \\ \theta_{21} & \theta_{22} \end{pmatrix} \begin{pmatrix} x_1(t) \\ x_2(t) \end{pmatrix}$$
$$y(t) = C(t)x(t) \tag{8.1.6}$$

这里

$$K(t)Q(t) = [K_1(t), K_2(t)], \quad \theta_{ij} = A_{ij}(t) + B_i(t)K_j(t), \quad i, j = 1, 2$$

显然, 由引理 8.1.2 可知, 闭环系统 (8.1.4) 是因果的充分必要条件是 $A_{22}(t) + B_2(t)K_2(t)$ 可逆. 这等价于 $\text{rank}[A_{22}(t), B_2(t)] = n - q$ 的充分必要条件是 $[A_{22}(t), B_2(t)]$ 的 Gramian 矩阵满秩, 即 $[A_{22}(t), B_2(t)]$ 的 Gramian 矩阵的秩是 $n - q$.

反之, 若 $[A_{22}(t), B_2(t)]$ 的 Gramian 矩阵满秩, 则 $[A_{22}(t), B_2(t)]$ 满秩, 因此一定存在一个解析的矩阵 $K_2(t)$ 使得 $A_{22}(t) + B_2(t)K_2(t)$ 是非奇异的. 若令 $K(t) = [0, K_2(t)]Q^{-1}$, 则系统 (8.1.4) 是因果的, 充分性得证. □

**推论 8.1.1**  系统 (8.1.1) 是 Y 能控的充分必要条件是

$$\text{rank} \begin{pmatrix} 0 & E(t) & 0 \\ E(t) & A(t) & B(t) \end{pmatrix} = n + q$$

**证明    充分性**   如果

$$\text{rank} \begin{pmatrix} 0 & E(t) & 0 \\ E(t) & A(t) & B(t) \end{pmatrix} = n + \text{rank}(E(t))$$

则

$$\text{rank} \left\{ \begin{pmatrix} 0 & E(t) & 0 \\ E(t) & A(t) & B(t) \end{pmatrix} \right\}$$

$$= \text{rank} \left\{ \begin{pmatrix} P(t) & 0 \\ 0 & P(t) \end{pmatrix} \begin{pmatrix} 0 & E(t) & 0 \\ E(t) & A(t) & B(t) \end{pmatrix} \begin{pmatrix} Q(t) & 0 & 0 \\ 0 & Q(t) & 0 \\ 0 & 0 & I \end{pmatrix} \right\}$$

$$= \text{rank} \left\{ \begin{pmatrix} 0 & 0 & I & 0 & 0 \\ 0 & 0 & 0 & 0 & 0 \\ I & 0 & A_{11}(t) & A_{12}(t) & B_1(t) \\ 0 & 0 & A_{21}(t) & A_{22}(t) & B_2(t) \end{pmatrix} \right\}$$

$$= 2q + \text{rank} \left\{ \begin{bmatrix} A_{22}(t), & B_2(t) \end{bmatrix} \right\}$$

因此

$$\text{rank} \left\{ \begin{bmatrix} A_{22}(t), & B_2(t) \end{bmatrix} \right\} = n - q$$

根据定理 8.1.1, 充分性得证.

**必要性**   利用引理 8.1.2 和下面的等式容易得出必要性

$$\text{rank} \left\{ \begin{bmatrix} 0 & E(t) & 0 \\ E(t) & A(t) & B(t) \end{bmatrix} \right\} = 2q + \text{rank} \left\{ \begin{bmatrix} A_{22}(t), & B_2(t) \end{bmatrix} \right\} \qquad □$$

## 8.2　鲁棒 Y 能控性

### 8.2.1　系统描述与预备知识

下面, 我们将根据引理 8.1.2, 讨论当系统出现扰动时的因果性. 考虑下述系统:

$$E(t)x(t+1) = [A(t) + \Delta A(t)]x(t) + B(t)u(t)$$

$$y(t) = C(t)x(t) \tag{8.2.1}$$

这里 $\Delta A(t) \in \mathbf{R}^{n \times n}$ 是任意一个不改变系统的可解性的扰动矩阵.

由引理 8.1.1 知, 系统 (8.2.1) 受限等价于

$$\begin{pmatrix} I & 0 \\ 0 & 0 \end{pmatrix} \begin{pmatrix} x_1(t+1) \\ x_2(t+1) \end{pmatrix}$$

$$= \begin{pmatrix} A_{11}(t) + \Delta A_{11}(t) & A_{12}(t) + \Delta A_{12}(t) \\ A_{21}(t) + \Delta A_{21}(t) & A_{22}(t) + \Delta A_{22}(t) \end{pmatrix} \begin{pmatrix} x_1(t) \\ x_2(t) \end{pmatrix} + \begin{pmatrix} B_1(t) \\ B_2(t) \end{pmatrix} u(t)$$

$$y(t) = C(t)x(t) \tag{8.2.2}$$

设状态反馈控制律

$$u(t) = K(t)x(t)$$

我们得到了下面的闭环系统

$$Ex(t+1) = [A(t) + \Delta A(t) + B(t)K(t)]x(t)$$

$$y(t) = C(t)x(t) \tag{8.2.3}$$

**定义 8.2.1**　系统 (8.2.1) 被称为鲁棒 Y 能控的, 如果存在一个周期的状态反馈矩阵 $K(t)$ 使得闭环系统 (8.1.1) 是状态因果的.

从鲁棒 Y 能控的定义可以看出, 系统 (8.1.1) 是鲁棒 Y 能控的充分必要条件是存在 $K_2(t)$ 使得 $[A_{22}(t) + \Delta A_{22}(t) + B_2(t)K_2(t)]$ 是非奇异的.

### 8.2.2　鲁棒 Y 能控性

首先介绍两个几何方面的结论.

**引理 8.2.1**　设 $A(t)$ 是含有一个零列的 $n \times n$ 解析函数矩阵, $B(t)$ 是一个 $n \times r$ 的解析函数矩阵, 则一定存在一个解析的矩阵函数 $K(t)$, 使得 $[A(t) + B(t)K(t)]$ 是可逆的充分必要条件是

$$I_m[A(t)] + I_m[B(t)] = \mathbf{R}^n \tag{8.2.4}$$

式 (8.2.4) 由引理 8.2.1, 可以得到下面的结果.

**引理 8.2.2** 设 $A(t)$ 是一个解析的 $n \times n$ 函数矩阵, $B(t)$ 是一个 $n \times r$ 的解析函数矩阵, 则一定存在一个 $r \times n$ 的解析函数矩阵 $K(t)$ 使得 $[A(t) + B(t)K(t)]$ 是可逆的充分必要条件为

$$I_m[A(t)] + I_m[B(t)] = \mathbf{R}^n \tag{8.2.5}$$

**证明** 充分性显然, 下面证明必要性.

当 $A(t)$ 是一个可逆的解析函数矩阵时, 结果是显然的.

当 $A(t)$ 是一个奇异的解析函数矩阵时, 一定存在一个可逆矩阵 $P(t)$ 使得 $A(t)P(t)$ 有一个零列. 若存在一个解析函数矩阵 $K(t)$ 使得 $[A(t) + B(t)K(t)]$ 是可逆的, 则 $[A(t)P(t) + B(t)K(t)P(t)]$ 也可逆, 从而由引理 8.2.1 得

$$I_m[A(t)P(t)] + I_m[B(t)] = \mathbf{R}^n$$

由于 $P(t)$ 是可逆矩阵, 所以有

$$I_m[A(t)] + I_m[B(t)] = \mathbf{R}^n$$

于是, 必要性得证. □

利用引理 8.2.2 的结果可得下面的结论.

**定理 8.2.1** 系统 (8.1.1) 是鲁棒 Y 能控的充分必要条件是 $[E(t), B(t)]$ 的 Gramian 矩阵是满秩的.

**证明** 由于系统 (8.1.1) 是鲁棒 Y 能控的充分必要条件是存在 $K_2(t)$ 使 $[A_{22}(t) + \Delta A_{22}(t) + B_2(t)K_2(t)]$ 是可逆的, 即

$$I_m[A_{22}(t) + \Delta A_{22}(t)] + I_m[B_2(t)] = \mathbf{R}^{n-q}$$

此外, $[E(t), B(t)]$ 的 Gramian 矩阵满秩的充分必要条件是 $B_2(t)$ 行满秩.

下面证明充分性.

若 $B_2(t)$ 行满秩, 则 $I_m[B_2(t)] = \mathbf{R}^{n-q}$, 所以我们有

$$I_m[A_{22}(t) + \Delta A_{22}(t)] + I_m[B_2(t)] = \mathbf{R}^{n-q}$$

因此充分性成立.

必要性. 若 $B_2(t)$ 不是行满秩, 即

$$I_m[B_2(t)] \subset \mathbf{R}^{n-q}$$

则存在扰动矩阵 $\Delta A_{22}(t)$, 使得

$$I_m[A_{22}(t) + \Delta A_{22}(t)] + I_m[B_2(t)] \subset \mathbf{R}^{n-q}$$

这是矛盾的, 因此 $B_2(t)$ 是行满秩的, 由于

$$\text{rank}\left([E(t), B(t)]\right) = \text{rank}\left(\begin{pmatrix} I & 0 & B_1(t) \\ 0 & 0 & B_2(t) \end{pmatrix}\right)$$

因此 $[E(t), B(t)]$ 的 Gramian 矩阵满秩.　　　　　　　　　　　　　　　　□

## 8.3　数 值 算 例

下面用两个例子来说明本章的主要结果.

**例 8.3.1**　在系统 (8.1.1) 中, 取周期 $T = 10$, 且当 $1 \leqslant t \leqslant 11$ 时, 矩阵 $E(t), A(t), B(t)$ 的表达式如下:

$$E(t) = \begin{pmatrix} t & 0 & 0 & 0 \\ 0 & 0 & 0 & 0 \\ 0 & 0 & 0 & 0 \\ 0 & 0 & 0 & 0 \end{pmatrix}, \quad A(t) = \begin{pmatrix} 2t & t & 2t & 0 \\ 4t & t & t+2 & t+3 \\ 0 & 5t+3 & 2t+1 & 7t+4 \\ 5t & t+1 & 0 & 3t+1 \end{pmatrix}$$

$$B(t) = \begin{pmatrix} 2t-1 & 2t & 2t+3 \\ t+1 & 2t & 2t+1 \\ 0 & 3t+2 & 0 \\ 0 & 0 & t+3 \end{pmatrix}$$

则存在两个可逆矩阵

$$P(t) = \begin{pmatrix} \dfrac{1}{t} & 0 & 0 & 0 \\ 0 & 1 & 0 & 0 \\ 0 & 0 & 1 & 0 \\ 0 & 0 & 0 & 1 \end{pmatrix}, \quad Q(t) = \begin{pmatrix} 1 & 0 & 0 & 0 \\ 0 & 1 & 0 & 0 \\ 0 & 0 & 1 & 0 \\ 0 & 0 & 0 & 1 \end{pmatrix}$$

使得

$$P(t)E(t)Q(t) = \begin{pmatrix} 1 & 0 & 0 & 0 \\ 0 & 0 & 0 & 0 \\ 0 & 0 & 0 & 0 \\ 0 & 0 & 0 & 0 \end{pmatrix}, \quad P(t)A(t)Q(t) = \begin{pmatrix} 2 & 1 & 2 & 0 \\ 4t & t & t+2 & t+3 \\ 0 & 5t+3 & 2t+1 & 7t+4 \\ 5t & t+1 & 0 & 3t+1 \end{pmatrix}$$

$$P(t)B(t) = \begin{pmatrix} 2-1/t & 2 & 2+3/t \\ t+1 & 2t & 2t+1 \\ 0 & 3t+2 & 0 \\ 0 & 0 & t+3 \end{pmatrix}$$

容易看到 $\operatorname{rank}(E(t)) = 1$, 矩阵 $[A_{22}(t), B_2(t)]$ 等价于

$$\begin{pmatrix} 0 & 0 & 0 & t+1 & 0 & 0 \\ 2t+1 & 0 & 0 & 3t+2 & 0 & 0 \\ 0 & 0 & 3t+1 & 0 & 0 & t+3 \end{pmatrix}$$

显然 $\operatorname{rank}([A_{22}(t), B_2(t)]) = 3$, 所以系统 (4.1) 是 Y 能控的. 与此同时矩阵 $[A_{22}(t), B_2(t)]$ 的 Gramian 矩阵为

$$G = \begin{pmatrix} 4435.00 & 8656.67 & 2960 \\ 8656.67 & 34399.99 & 10086.67 \\ 2960 & 10086.67 & 4476.66 \end{pmatrix}$$

经计算知

$$\det(G) = 1.118 \times 10^{11}$$

所以 $\operatorname{rank}(G) = 3$. 这验证了定理 8.1.1 的正确性, 同时也看到了 Gramian 矩阵方法简洁、方便的特征.

**例 8.3.2** 在系统 (8.1.1) 中, 取周期 $T = 10$, 且当 $1 \leqslant t \leqslant 11$ 时, 矩阵 $E(t), A(t), B(t)$ 的表达式如下

$$E(t) = \begin{pmatrix} t & 0 & 0 & 0 \\ 0 & 0 & 0 & 0 \\ 0 & 0 & 0 & 0 \\ 0 & 0 & 0 & 0 \end{pmatrix}, \quad A(t) = \begin{pmatrix} 2t & t & 2t & 0 \\ 4t & 0 & 0 & 0 \\ 0 & 0 & 2t+1 & 0 \\ 5t & 0 & 0 & 0 \end{pmatrix},$$

$$B(t) = \begin{pmatrix} 2t-1 & 2t & 2t+3 \\ t+1 & 0 & 0 \\ 0 & 3t+2 & 0 \\ 0 & 0 & 0 \end{pmatrix}$$

则存在两个可逆矩阵

$$P(t) = \begin{pmatrix} \dfrac{1}{t} & 0 & 0 & 0 \\ 0 & 1 & 0 & 0 \\ 0 & 0 & 1 & 0 \\ 0 & 0 & 0 & 1 \end{pmatrix}, \quad Q(t) = \begin{pmatrix} 1 & 0 & 0 & 0 \\ 0 & 1 & 0 & 0 \\ 0 & 0 & 1 & 0 \\ 0 & 0 & 0 & 1 \end{pmatrix}$$

使得

$$P(t)E(t)Q(t) = \begin{pmatrix} 1 & 0 & 0 & 0 \\ 0 & 0 & 0 & 0 \\ 0 & 0 & 0 & 0 \\ 0 & 0 & 0 & 0 \end{pmatrix}, \quad P(t)A(t)Q(t) = \begin{pmatrix} 2 & 1 & 2 & 0 \\ 4t & 0 & 0 & 0 \\ 0 & 0 & 2t+1 & 0 \\ 5t & 0 & 0 & 0 \end{pmatrix}$$

$$P(t)B(t) = \begin{pmatrix} 2 - \dfrac{1}{t} & 2 & 2 + \dfrac{3}{t} \\ t+1 & 0 & 0 \\ 0 & 3t+2 & 0 \\ 0 & 0 & 0 \end{pmatrix}$$

容易验证 $\operatorname{rank}(E(t)) = 1$, 令 $K(t) = (K_1(t),\, K_2(t))$, 这里

$$K_2(t) = \begin{pmatrix} k_1 & k_2 & k_3 \\ k_4 & k_5 & k_6 \\ k_7 & k_8 & k_9 \end{pmatrix}$$

则

$$\operatorname{rank}\left(A_{22}(t) + B_2(t)k_2(t)\right) = \operatorname{rank} \begin{pmatrix} (t+1)k_1 & (t+1)k_2 & (t+1)k_3 \\ (3t+2)k_4 & (3t+2)k_5 & (3t+2)k_6 \\ 0 & 0 & 0 \end{pmatrix} < 3$$

所以系统 (8.1.1) 不是 Y 能控的. 而此时 $(A_{22}(t), B_2(t))$ 的 Gramian 矩阵为

$$G = \begin{pmatrix} 443.33 & 0 & 0 \\ 0 & 5184.00 & 0 \\ 0 & 0 & 0 \end{pmatrix}$$

显然, $\operatorname{rank}(G) < 3$.

# 第 9 章 广义离散周期系统的分散控制与因果控制

对于线性时不变广义系统 (LTI), 目前研究者已经建立了一套相当完备的理论体系, 但对于广义时变系统的研究却很不完善, 在过去的十年里, 人们做了一些尝试, Campbell 和 Petzold 通过一个解析的坐标变换, 将解析可解的线性时变广义系统化为规范标准形 (SCF). Campbell 和 Terrell 研究了广义时变系统的能观性和能控性等. 近年来, 研究者正在寻求一种突破, 试图建立一套完整的理论. 为此, 人们从广义时变周期 (PTV) 系统着手研究, 试图建立 PTV 系统 (周期时变系统) 与 LTI 系统 (线性时不变系统) 的等价关系, 然后利用 LTI 系统来处理 PTV 系统. Yan 和 Bitmead 建立了与正常的 PTV 系统等价的 LTI 系统, 并利用等价性来讨论 PTV 系统的稳定性和可控性等问题. Vicente 也通过正常的 PTV 系统与 LTI 系统的等价关系的建立, 研究了线性离散周期系统的极点配置问题. Sreedhar 通过广义 PTV 系统与广义 LTI 系统等价关系的建立, 并利用矩阵束、矩阵理论及周期 Schur 分解等工具研究了广义 PTV 系统的可解性和条件性. 本章利用分散控制技术建立了广义 PTV 系统与广义 LTI 系统解的等价性, 讨论了广义 PTV 系统稳定性等问题. 为了讨论广义 PTV 系统的状态因果性, 本章还利用矩阵理论建立了另外一种广义 PTV 系统与广义 LTI 系统的等价关系, 同时还研究了广义 PTV 系统的因果性.

本章对广义周期时变系统进行了结构分析. 通过广义 PTV 系统与广义 LTI 系统解的等价性的建立, 对广义 PTV 系统的因果性和稳定性进行了研究, 给出了广义 PTV 系统具有因果性和稳定性的条件.

## 9.1 分散控制方法

### 9.1.1 系统描述与定义

考虑如下广义周期离散系统

$$\begin{aligned} E(t)x(t+1) &= A(t)x(t) + B(t)u(t) \\ y(t) &= C(t)x(t) + D(t)u(t) \end{aligned} \tag{9.1.1}$$

其中 $x(t) \in \mathbf{R}^n$ 是状态向量, $u(t) \in \mathbf{R}^m$ 是输入向量, $y(t) \in \mathbf{R}^r$ 是输出向量, $t$ 为非负整数, $E(t), A(t), B(t), C(t), D(t)$ 是 $T$ 周期矩阵, 即

$$\begin{aligned} E(t+T) &= E(t), & A(t+T) &= A(t), & B(t+T) &= B(t) \\ C(t+T) &= C(t), & D(t+T) &= D(t) \end{aligned} \tag{9.1.2}$$

**定义 9.1.1**　系统 (9.1.1) 称为解析可解的, 如果对于任意给定的充分光滑函数 $B(t)u(t)$, 系统的解 $x(t)$ 存在, 并且当解 $x(t)$ 存在时, 它们被初始状态 $x_0$ 所唯一确定.

**定义 9.1.2**　若系统 (9.1.1) 可化为下面的形式

$$x_1(t+1) = A_1(t)x_1(t) + B_1(t)u(t)$$
$$y_1(t) = C_1(t)x_1(t) + D_1(t)u(t) \tag{9.1.3}$$
$$N(t)x_2(t+1) = x_2(t) + B_2(t)u(t)$$
$$y_2(t) = C_2(t)x_2(t) + D_2(t)u(t) \tag{9.1.4}$$

这里 $N(t)$ 是幂零矩阵, 并且是上三角形, 则系统 (9.1.3) 和系统 (9.1.4) 被称为系统 (9.1.1) 的规范标准形 (SCF). 若 $N(t)$ 是常矩阵, 则称系统 (9.1.3) 和系统 (9.1.4) 是强规范标准形 (SSCF).

**定理 9.1.1**　若 $E(t), A(t)$ 是解析的, 并且系统 (9.1.1) 是解析可解的, 则一定存在解析的可逆矩阵 $P(t) \in \mathbf{R}^{n \times n}, Q(t) \in \mathbf{R}^{n \times n}$, 通过下述变换将系统 (9.1.1) 化为 SCF, 即

$$P(t)E(t)Q(t) = \begin{pmatrix} I & 0 \\ 0 & N(t) \end{pmatrix}, \quad P(t)A(t)Q(t) = \begin{pmatrix} A_1(t) & 0 \\ 0 & I \end{pmatrix},$$
$$P(t)B(t) = (B_1(t)/B_2(t)), \quad C(t)Q(t) = (C_1(t), C_2(t)),$$
$$Q^{-1}(t)x(t) = (x_1(t)/x_2(t)), \quad D(t) = D_1(t) + D_2(t),$$
$$y_1(t) = C_1(t)x_1(t) + D_1(t)u(t), \quad y_2(t) = C_2(t)x_2(t) + D_2(t)u(t)$$

其中 $N(t)$ 是幂零矩阵, 其他各分块均具有相应的阶数.

**定义 9.1.3**　系统 (9.1.1) 称为渐近稳定的, 如果它的子系统 (9.1.3) 是渐近稳定的.

**定义 9.1.4**　对于子系统 (9.1.3), 称矩阵 $A_1(T), A_1(T-1), \cdots, A_1(1), A_1(0)$ 的乘积

$$\psi = A_1(T)A_1(T-1) \cdots A_1(1)A_1(0)$$

为系统的单值矩阵.

显然, 系统 (9.1.3) 的渐近性和瞬时性是由它的单值矩阵的特征值所确定的. 特别地, 系统 (9.1.1) 渐近稳定的充要条件是 $\psi$ 的特征值在单位开圆内.

**定义 9.1.5**　系统 (9.1.1) 在某一时刻 $k$ 被称为具有状态因果性, 如果它的状态 $x(k)$ 完全被初始条件 $x_0$ 和输入 $u(0), u(1), \cdots, u(k)$ 所确定; 否则, 称其具有非因果性. 若系统 (9.1.1) 在任一时刻均具有状态因果性, 则称系统 (9.1.1) 具有状态因果性.

可见, 系统 (9.1.1) 具有状态因果性的充分必要条件为对于任一时刻 $t(0 \leqslant t \leqslant T-1)$, 子系统 (9.1.4) 中的 $N(t) = 0$.

于是, 系统 (9.1.1) 在解析可解的条件下, 它的结构分析与设计问题就归结为研究子系统 (9.1.3) 和 (9.1.4) 的结构分析和设计问题.

### 9.1.2 等价的 LTI 系统

考虑下述系统

$$\bar{x}_1(t+1) = \bar{A}_1(T)\bar{x}_1(t) + \bar{B}_1(T)U(t)$$

$$Y_1(t) = \bar{C}_1(T)\bar{x}_1(t) + \bar{D}_1(T)U(t) \tag{9.1.5}$$

$$\bar{N}(T)\bar{x}_2(t+1) = \bar{x}_2(t) + \bar{B}_2(T)U(t)$$

$$Y_2(t) = \bar{C}_2(T)\bar{x}_1(t) + \bar{D}_2(T)U(t) \tag{9.1.6}$$

这里,

$$\bar{A}_1(T) = A_1(T-1)A_1(T-2)\cdots A_1(1)A_1(0) \tag{9.1.7}$$

$$\bar{B}_1(T) = [A_1(T-1)\cdots A_1(1)B_1(0), A_1(T-1)\cdots A_1(2)B_1(1), \cdots,$$

$$A_1(T-1)B_1(T-2), B_1(T-1)] \tag{9.1.8}$$

$$\bar{C}_1(T) = \begin{pmatrix} C_1(0) \\ C_1(1)A_1(0) \\ C_1(2)A_1(1)A_1(0) \\ \vdots \\ C_1(T-1)A_1(T-2)\cdots A_1(0) \end{pmatrix} \tag{9.1.9}$$

$$\bar{D}_1(T) = \begin{pmatrix} \bar{D}_{111}(T) & \bar{D}_{112}(T) & \cdots & \bar{D}_{11T}(T) \\ \bar{D}_{121}(T) & \bar{D}_{122}(T) & \cdots & \bar{D}_{12T}(T) \\ \vdots & \vdots & & \vdots \\ \bar{D}_{1T1}(T) & \bar{D}_{1T2}(T) & \cdots & \bar{D}_{1TT}(T) \end{pmatrix} \tag{9.1.10}$$

其中,

$$\bar{D}_{1ij} = \begin{cases} 0, & i < j \\ D_1^{(}i-1), & i = j \\ C_1(i-1)B_1(j-1), & i = j+1 \\ C_1(i-1)A_1(i-2)\cdots A_1(j)B_1(j-1), & i > j+1 \end{cases} \tag{9.1.11}$$

$$\bar{N}(T) = N(T-1)N(T-2)\cdots N(1)N(0) \tag{9.1.12}$$

$$\bar{B}_2(T) = [N(T-1)\cdots N(1)B_2(0), N(T-1)\cdots N(2)B_2(1), \cdots,$$

$$N(T-1)B_2(T-2), B_2(T-1)] \tag{9.1.13}$$

$$\bar{C}_2(T) = \begin{pmatrix} C_2(0) \\ C_2(1)N(0) \\ C_2(2)N(1)N(0) \\ \vdots \\ C_2(T-1)N(T-2)\cdots N(0) \end{pmatrix} \tag{9.1.14}$$

$$\bar{D}_2(T) = \begin{pmatrix} \bar{D}_{211}(T) & \bar{D}_{212}(T) & \cdots & \bar{D}_{21T}(T) \\ \bar{D}_{221}(T) & \bar{D}_{222}(T) & \cdots & \bar{D}_{22T}(T) \\ \vdots & \vdots & & \vdots \\ \bar{D}_{2T1}(T) & \bar{D}_{2T2}(T) & \cdots & \bar{D}_{2TT}(T) \end{pmatrix} \tag{9.1.15}$$

$$\bar{D}_{2ij}(T) = \begin{cases} 0, & i < j \\ D_2(i-1), & i = j \\ C_2(i-1)B_2(j-1), & i = j+1 \\ C_2(i-1)N(i-2)\cdots N(j)B_2(j-1), & i > j+1 \end{cases} \tag{9.1.16}$$

令 $\bar{x}_1(t) = x_1(tT),\ \bar{x}_2(t) = x_2(tT)$,

$$U(t) = \begin{pmatrix} u(tT) \\ u(tT+1) \\ \vdots \\ u(tT+T-1) \end{pmatrix}, \quad Y_1(t) = \begin{pmatrix} y_1(tT) \\ y_1(tT+1) \\ \vdots \\ y_1(tT+T-1) \end{pmatrix},$$

$$Y_2(t) = \begin{pmatrix} y_2(tT) \\ y_2(tT+1) \\ \vdots \\ y_2(tT+T-1) \end{pmatrix}$$

若 $\bar{x}_1(t), \bar{x}_2(t)$ 分别表示子系统 (9.1.3) 和 (9.1.4) 的状态, $U(t)$ 分别表示子系统 (9.1.3) 和 (9.1.4) 的输入, $Y_1(t), Y_2(t)$ 分别表示子系统 (9.1.3) 和 (9.1.4) 的输出, 则利用分散控制技术可以得到下述结论:

**定理 9.1.2** 在开环意义下, 子系统 (9.1.3) 的解与子系统 (9.1.5) 的解是等价的; 子系统 (9.1.4) 的解与子系统 (9.1.6) 的解是等价的.

**证明** 先证明子系统 (9.1.3) 与子系统 (9.1.5) 的等价性. 将子系统 (9.1.5) 写成分散控制系统形式:

$$x_1[(t+1)T] = A_1(T-1)A_1(T-2)\cdots A_1(1)A_1(0)x_1(tT)$$
$$+ [A_1(T-1)\cdots A_1(1)B_1(0), A_1(T-1)\cdots A_1(2)B_1(1), \cdots,$$
$$A_1(T-1)B_1(T-2), B_1(T-1)]$$
$$\times \begin{pmatrix} u(tT) \\ u(tT+1) \\ \vdots \\ u(tT+T-1) \end{pmatrix}$$
$$= \bar{A}_1(T)x_1(tT) + \sum_{i=1}^{T} \bar{G}_i U_i(t)$$

这里,

$$\bar{G}_i = A_1(T-1)\cdots A_1(i)B_1(i-1), \quad 1 \leqslant i \leqslant T-1$$
$$\bar{G}_T = B_1(T-1), \quad U_i(t) = u(tT+i)$$

$$\begin{pmatrix} y_1(tT) \\ y_1(tT+1) \\ \vdots \\ y_1(tT+T-1) \end{pmatrix} = \begin{pmatrix} C_1(0) \\ C_1(1)A_1(0) \\ C_1(2)A_1(1)A_1(0) \\ \vdots \\ C_1(T-1)A_1(T-2)\cdots A_1(0) \end{pmatrix} x_1(tT)$$

$$+ \begin{pmatrix} D_1(0) & 0 & \cdots & 0 \\ C_1(1)B_1(0) & D_1(1) & \cdots & 0 \\ C_1(2)A_1(1)B_1(0) & C_1(2)B_1(1) & \cdots & 0 \\ \vdots & \vdots & & \vdots \\ C_1(T-1)A_1(T-2)\cdots A_1(1)B_1(0) & C_1(T-1)A_1(T-2)\cdots A_1(2)B_1(1) & \cdots & D_1(T-1) \end{pmatrix}$$

$$\times \begin{pmatrix} u(tT) \\ u(tT+1) \\ \vdots \\ u(tT+T-1) \end{pmatrix} = \begin{pmatrix} C_1(0)x_1(tT) \\ C_1(1)A_1(0)x_1(tT) \\ C_1(2)A_1(1)A_1(0)x_1(tT) \\ \vdots \\ C_1(T-1)A_1(T-2)\cdots A_1(0)x_1(tT) \end{pmatrix} + \begin{pmatrix} \sum_{j=1}^{T} \bar{D}_{11j}U_j(t) \\ \sum_{j=1}^{T} \bar{D}_{12j}U_j(t) \\ \sum_{j=1}^{T} \bar{D}_{13j}U_j(t) \\ \vdots \\ \sum_{j=1}^{T} \bar{D}_{1Tj}U_j(t) \end{pmatrix}$$

$$= \begin{pmatrix} \bar{H}_1 \\ \bar{H}_2 \\ \bar{H}_3 \\ \vdots \\ \bar{H}_t \end{pmatrix} x_1(tT) + \begin{pmatrix} \sum_{j=1}^{T} \bar{D}_{11j} U_j(t) \\ \sum_{j=1}^{T} \bar{D}_{12j} U_j(t) \\ \sum_{j=1}^{T} \bar{D}_{13j} U_j(t) \\ \vdots \\ \sum_{j=1}^{T} \bar{D}_{1Tj} U_j(t) \end{pmatrix}$$

这里,

$$\bar{H}_i = C_1(i-1)A_1(i-2)\cdots A_1(0), \quad 2 \leqslant i \leqslant T$$

$$\bar{H}_1 = C_1(0), \quad U_i(t) = u(tT+i), \quad i = 1, 2, \cdots, T$$

即

$$x_1[(t+1)T] = \bar{A}_1(T)x_1(tT) + \sum_{i=1}^{T} \bar{G}_i U_i(t)$$

$$y_1(tT+i) = \bar{H}_i \bar{x}_1(t) + \sum_{j=1}^{T} \bar{D}_{1ij} U_j(t), \quad i = 1, 2, \cdots, T \tag{9.1.17}$$

于是, 对于任意的 $t \in \mathbf{Z}$, 有 $t = t_1 + i$, $t_1 \in \mathbf{Z}$, $0 \leqslant i \leqslant T-1$, 从而, 由系统 (9.1.17) 可以看出, 子系统 (9.1.3) 与系统 (9.1.17) 是等价的, 当然子系统 (9.1.3) 与子系统 (9.1.5) 是等价的.

同理, 利用分散控制技术可以证明子系统 (9.1.4) 与子系统 (9.1.6) 是等价的. □

**定理 9.1.3**　对于广义 PTV 系统 (9.1.1), 若系统 (9.1.1) 具有状态因果性, 则等价的 LTI 系统 (9.1.5) 和 (9.1.6) 也具有因果性.

为了证明定理 9.1.3, 首先证明下面的引理.

**引理 9.1.1**　设矩阵 $A_{n \times n}$ 是幂零的, 即存在 $h \in \mathbf{Z}$, 使得 $A_{n \times n}^h = 0$, $A_{n \times n}^{h-1} \neq 0$, 如果 $A_{n \times n}$ 具有下面的形式

$$A_{n \times n} = \begin{pmatrix} 0 & 1 & 0 & 0 & \cdots & 0 \\ 0 & 0 & 1 & 0 & \cdots & 0 \\ 0 & 0 & 0 & 1 & \cdots & 0 \\ \vdots & \vdots & \vdots & \vdots & & \vdots \\ 0 & 0 & 0 & 0 & \cdots & 1 \\ 0 & 0 & 0 & 0 & \cdots & 0 \end{pmatrix}$$

则 $h \leqslant n$.

**证明** 由于

$$A^2 = \begin{pmatrix} 0 & 1 & 0 & 0 & \cdots & 0 \\ 0 & 0 & 1 & 0 & \cdots & 0 \\ 0 & 0 & 0 & 1 & \cdots & 0 \\ \vdots & \vdots & \vdots & \vdots & & \vdots \\ 0 & 0 & 0 & 0 & \cdots & 1 \\ 0 & 0 & 0 & 0 & \cdots & 0 \end{pmatrix} \begin{pmatrix} 0 & 1 & 0 & 0 & \cdots & 0 \\ 0 & 0 & 1 & 0 & \cdots & 0 \\ 0 & 0 & 0 & 1 & \cdots & 0 \\ \vdots & \vdots & \vdots & \vdots & & \vdots \\ 0 & 0 & 0 & 0 & \cdots & 1 \\ 0 & 0 & 0 & 0 & \cdots & 0 \end{pmatrix}$$

$$= \begin{pmatrix} 0 & 0 & 1 & 0 & \cdots & 0 & 0 \\ 0 & 0 & 0 & 1 & \cdots & 0 & 0 \\ 0 & 0 & 0 & 0 & \cdots & 0 & 0 \\ \vdots & \vdots & \vdots & \vdots & & \vdots & \vdots \\ 0 & 0 & 0 & 0 & \cdots & 0 & 1 \\ 0 & 0 & 0 & 0 & \cdots & 0 & 0 \\ 0 & 0 & 0 & 0 & \cdots & 0 & 0 \end{pmatrix}$$

显然, $A^2$ 每一行中的元素 "1" 相当于将 $A$ 中的 "1" 向右移动一列, "1" 的个数减少一个, 以此类推得

$$A^{n-1} = \begin{pmatrix} 0 & 0 & \cdots & 1 \\ 0 & 0 & \cdots & 0 \\ 0 & 0 & \cdots & 0 \\ 0 & 0 & \cdots & 0 \end{pmatrix},$$

而, $A^n = 0$, 此时 $h = n$, 而当 $A_{n \times n}$ 中的某些元素 "1" 是 "0" 时, $h \leqslant n$, 引理显然成立. □

下面证明定理 9.1.3, 假设系统 (9.1.1) 具有状态因果性, 则对于任意的 $k(0 \leqslant k \leqslant T-1)$, 使得系统 (9.1.4) 中的 $N(k) = 0$, 从而, 系统 (9.1.6) 中的 $\bar{N}(T) = 0$, 因此, 系统 (9.1.5) 和 (9.1.6) 具有因果性, 于是, 定理 9.1.3 得证.

### 9.1.3 闭环系统等价性

为了研究广义 PTV 系统的稳定性以及极点配置等问题, 需做系统的反馈, 为此对系统 (9.1.1) 作周期输出反馈

$$u(t) = K(t)y(t) + v(t) \tag{9.1.18}$$

其中 $K(t)$ 是 $T$ 周期反馈矩阵, 所得的闭环系统为

$$E(t)x(t+1) = A(K)x(t) + B(K)v(t)$$

$$Y(t) = C(K)x(t) + D(K)v(t) \tag{9.1.19}$$

$$A(K) = A(t) + B(t)K(t)\left[I - D(t)K(t)\right]^{-1} \tag{9.1.20}$$

$$B(K) = B(t) + B(t)\left\{K(t)\left[I - D(t)K(t)\right]^{-1}\right\} \tag{9.1.21}$$

$$C(K) = \left[I - D(t)K(t)\right]^{-1}C(t) \tag{9.1.22}$$

$$D(K) = K(t)\left[I - D(t)K(t)\right]^{-1}D(t) \tag{9.1.23}$$

由定理 9.1.1 知, 对于系统 (9.1.19), 在满足解析可解的条件下, 存在可逆矩阵 $P(t)$, $Q(t) \in \mathbf{R}^{n \times n}$, 通过变换

$$P(t)E(t)Q(t) = \begin{pmatrix} I & 0 \\ 0 & N(t) \end{pmatrix}, \quad P(t)A(K)Q(t) = \begin{pmatrix} A_1(K) & 0 \\ 0 & I \end{pmatrix}$$

$$P(t)B(K) = [B_1(K)/B_2(K)], \quad C(K)Q(t) = (C_1(K), C_2(K))$$

$$Q^{-1}(t)x(t) = [x_1(t)/x_2(t)], \quad D(K) = D_1(K) + D_2(K)$$

$$y_1(t) = C_1(K)x_1(t) + D_1(K)v(t), \quad y_2(t) = C_2(K)x_2(t) + D_2(K)v(t)$$

于是系统 (9.1.19) 可化为

$$\begin{aligned} x_1(t+1) &= A_1(K)x_1(t) + B_1(K)v(t) \\ y_1(t) &= C_1(K)x_1(t) + D_1(K)v(t) \end{aligned} \tag{9.1.24}$$

$$\begin{aligned} N(t)x_2(t+1) &= x_2(t) + B_2(K)v(t) \\ y_2(t) &= C_2(K)x_2(t) + D_2(K)v(t) \end{aligned} \tag{9.1.25}$$

其中 $N(t)$ 是幂零矩阵, 其余各矩阵均具有相应阶数. 相应地系统 (9.1.24) 与 (9.1.25) 对应着下述等价系统

$$\begin{aligned} \bar{x}_1(t+1) &= \bar{A}_1(T)\bar{x}_1(t) + \bar{B}_1(T)U(t) \\ Y_1(t) &= \bar{C}_1(T)\bar{x}_1(t) + \bar{D}_1(T)U(t) \end{aligned} \tag{9.1.26}$$

$$\begin{aligned} \bar{N}(T)\bar{x}_2(t+1) &= \bar{x}_2(t) + \bar{B}_2(T)U(t) \\ Y_2(t) &= \bar{C}_2(T)\bar{x}_1(t) + \bar{D}_2(T)U(t) \end{aligned} \tag{9.1.27}$$

这里的新变量是将系统 (9.1.24) 和 (9.1.25) 中的矩阵代入式 (9.1.7)~ 式 (9.1.16) 中获得的. 于是问题转化为寻求 $K(i)$ $(i = 0, 1, 2, \cdots, T-1)$, 使得闭环系统 (9.1.24) 的单值矩阵

$$\psi_K = A_{1K}(T-1)A_{1K}(T-2)\cdots A_{1K}(0) \tag{9.1.28}$$

特征值在单位开圆内.

这里,

$$A_{1K}(i) = A_1(i) + B_1(i)[I - K(i)D_1(i)]^{-1}K(i)C_1(i), \quad i = 0, 1, \cdots, T-1 \quad (9.1.29)$$

对子系统 (9.1.5) 作输出反馈

$$U(T) = \bar{K}Y_1(t) + V(T) \quad (9.1.30)$$

其中

$$\bar{K} = \text{blockdiag}[k(0), k(1), \cdots, k(T-1)]$$

$$V(T) = \text{blockdiag}[v_1(tT), v_1(tT+1), \cdots, v_1(tT+T-1)]$$

显然, 式 (9.1.18) 与式 (9.1.30) 是等价的.

事实上,

$$U(T) = \begin{pmatrix} u(tT) \\ u(tT+1) \\ \vdots \\ u(tT+T-1) \end{pmatrix}$$

$$= \begin{pmatrix} K(0) & & & \\ & K(1) & & \\ & & \ddots & \\ & & & K(T-1) \end{pmatrix} \begin{pmatrix} y_1(tT) \\ y_1(tT+1) \\ \vdots \\ y_1(tT+T-1) \end{pmatrix}$$

$$+ \begin{pmatrix} v_1(tT) \\ v_1(tT+1) \\ \vdots \\ v_1(tT+T-1) \end{pmatrix}$$

或写成

$$u(tT+i) = K(i)y_1(tT+i) = K(tT+i)y_1(tT+i) + v_1(tT+i), \quad i = 0, 1, \cdots, T-1.$$

由上述讨论可得下面的结论

**定理 9.1.4** 广义 PTV 系统 (9.1.19) 通过 $T$ 周期输出反馈 (9.1.18) 是稳定的充分必要条件是系统 (9.1.26) 通过定常的输出反馈 (9.1.30) 是稳定的.

# 9.2　因　果　性

### 9.2.1　预备知识

将系统 (9.1.1) 写成如下形式

$$
\begin{pmatrix}
-A_0 & E_0 & & & \\
& -A_1 & E_1 & & \\
& & \ddots & \ddots & \\
& & & -A_{T-2} & E_{T-2} \\
& & & & -A_{T-1} & E_{T-1}
\end{pmatrix}
\begin{pmatrix}
x_0 \\ x_1 \\ \vdots \\ x_{T-1} \\ x_T
\end{pmatrix}
=
\begin{pmatrix}
u_0 \\ u_1 \\ \vdots \\ u_{T-1}
\end{pmatrix}
\tag{9.2.1}
$$

由式 (9.2.1) 可知, 系统 (9.1.1) 的解是由式 (9.2.1) 的系数矩阵所决定的, 为此我们给出如下的记号和定义

$$
S(0,T) =
\begin{pmatrix}
-A_0 & E_0 & & & \\
& -A_1 & E_1 & & \\
& & \ddots & \ddots & \\
& & & -A_{T-2} & E_{T-2} \\
& & & & -A_{T-1} & E_{T-1}
\end{pmatrix}
\tag{9.2.2}
$$

$$
C(0,T) =
\begin{pmatrix}
E_0 & & & \\
A_1 & E_1 & & \\
& \ddots & \ddots & \\
& & A_{T-2} & E_{T-2} \\
& & & A_{T-1}
\end{pmatrix}
\tag{9.2.3}
$$

此时称 $S(0,T)$ 和 $C(0,T)$ 分别为系统 (9.1.1) 的可解性矩阵和条件矩阵.

**定义 9.2.1**　对于任意 $T>0$, 若系统 (9.1.1) 的可解性矩阵 $S(0,T)$ 满秩, 则称系统 (9.1.1) 是可解的; 若系统 (9.1.1) 的条件矩阵 $C(0,T)$ 满秩, 则称系统 (9.1.1) 是可条件的.

从而我们有下述结论.

**引理 9.2.1**　系统 (9.1.1) 是可解的充分必要条件为它是可条件的.

**定理 9.2.1**　系统 (9.1.1) 是解析可解的充分必要条件为它是可解的 (可条件的)

**证明**　当系统 (9.1.1) 定义在区间 $[0, T]$ 时, 即

$$
E(t)x(t+1) = A(t)x(t) + B(t)u(t), \quad t = 0, 1, \cdots, T-1
$$

此时系统 (9.1.1) 可写成式 (9.2.1) 的形式, 假设系统 (9.1.1) 是解析可解的, 即系统的解存在, 并且可由 $x_0$ 唯一确定, 则由式 (9.2.1) 知, 可条件矩阵 $C(0,T)$ 是满秩的, 即系统 (9.1.1) 是可条件的. 由引理 9.2.1 知系统 (9.1.1) 是可解的, 从而可解性矩阵 $S(0,T)$ 是满秩的. 反之, 如果可解性矩阵 $S(0,T)$ 是满秩的, 则由引理 9.2.1 知系统 (9.1.1) 是可解的, 即系统存在解 $x_1, x_2, \cdots, x_{T-1}$, 并且可由 $x_0, x_T$ 所唯一确定. 进一步可以证明, $x_T$ 也可以由 $x_0$ 所唯一确定, 因为 $T$ 是任意有限整数, 所以一定存在正整数 $M > T$, 使对应的可解性矩阵

$$S(0,M) = \begin{pmatrix} -A_0 & E_0 & & & \\ & -A_1 & E_1 & & \\ & & \ddots & \ddots & \\ & & & -A_{M-2} & E_{M-2} \\ & & & & -A_{M-1} & E_{M-1} \end{pmatrix}$$

满秩. 而此时对应的系统 (9.1.1) 存在可以被 $x_0$ 和 $x_M$ 所唯一确定的解 $x_1, x_2, \cdots, x_N, \cdots, x_{M-1}$, 即 $x_T$ 可以由 $x_0$ 唯一确定. 因此, 系统 (9.1.1) 解析可解. $\square$

### 9.2.2 等价的 LTI 系统

考虑下述 LTI 系统

$$\hat{N}Z(t+1) = \hat{A}Z(t) + \hat{B}v(t) \tag{9.2.4}$$

这里 $Z(t)$ 是相应维数的状态向量, $v(t)$ 是相应维数的输入向量,

$$\hat{N} = \begin{pmatrix} N(0) & & & & \\ & N(1) & & & \\ & & \ddots & & \\ & & & N(T-2) & \\ & & & & N(T-1) \end{pmatrix} \tag{9.2.5}$$

$$\hat{A} = \begin{pmatrix} 0 & 0 & \cdots & 0 & I \\ I & 0 & \cdots & 0 & 0 \\ 0 & I & \cdots & 0 & 0 \\ \vdots & \vdots & & \vdots & \vdots \\ 0 & 0 & \cdots & I & 0 \end{pmatrix} \tag{9.2.6}$$

$$\hat{B} = \begin{pmatrix} B_2(0) & & & \\ & B_2(1) & & \\ & & \ddots & \\ & & & B_2(T-1) \end{pmatrix} \tag{9.2.7}$$

为了研究子系统 (9.1.4) 和 (9.2.4) 的等价关系, 我们先介绍下面两个引理.

**引理 9.2.2**　设 $V$ 和 $W$ 是两个有限维实向量空间, $\dim(V) = n$, $\dim(W) = m$, 并且 $n \leqslant m$, 则向量空间 $V$ 和 $W$ 具有相同的势.

由引理 6.3.2 知, 任意两个有限维实向量空间之间能够建立一一对应关系.

**引理 9.2.3**　子系统 (9.1.4) 是可解的充分必要条件为系统 (9.2.4) 是可解的.

由此我们有如下结论.

**定理 9.2.2**　在开环意义下, 子系统 (9.1.4) 和 LTI 系统 (9.2.2) 的解是等价的.

**证明**　由引理 9.2.2 知, 子系统 (9.1.4) 和系统 (9.2.4) 的可解性是等价的, 而由引理 9.2.1 得, 在子系统 (9.1.4) 的状态空间和系统 (9.2.4) 的状态空间之间存在着一一对应关系. 因此子系统 (9.1.4) 和系统 (9.2.4) 的解是等价的.　　　　□

**定理 9.2.3**　广义 PTV 系统 (9.1.1) 具有状态因果性的充分必要条件为广义 LTI 系统 (9.2.4) 具有状态因果性.

**证明**　由定理 9.2.2 知, 子系统 (9.1.4) 与广义 LTI 系统 (9.2.4) 的解是等价的. 由此可得, 广义 PTV 系统 (9.1.1) 具有状态因果性的充分必要条件是对于任意的 $t \in Z$, 有 $N(t) = 0$, 即 $N(0) = N(1) = \cdots = N(T-1) = 0$. 而广义系统 (9.2.4) 具有状态因果性的充分必要条件为 $\hat{N} = 0$. 于是定理得证.　　　　□

# 第 10 章  时域有限鲁棒稳定性分析与镇定器设计

广义时变系统广泛应用于电力系统、机器人、化学工程、生态控制、气象预测、级联大系统、航空航天等领域. 它比定常广义系统和正常系统具有更广泛的形式, 更适合描述实际问题. 因此, 广义时变系统的研究越来越受到广大学者的关注.

鲁棒稳定性是控制理论的一个重要研究课题. 稳定性是一种系统的特性, 稳定性与系统的一些参数有关, 具有良好的稳定性是设计系统的前提. 而鲁棒稳定性是指当外界干扰 (如电压不稳、噪声、电磁干扰等) 影响系统的参数时, 系统继续保持稳定的能力. 能力越强越说明系统具有良好的鲁棒稳定性. 在实际的工业系统中无干扰的情况基本是不存在的, 当出现干扰时我们需要判断系统是否还保持稳定, 如果不稳定我们要设计一个控制器使其达到稳定, 使损失最小化. 因此研究广义系统的鲁棒稳定性具有重要的理论意义和实际价值. 再者, 由于干扰一般只出现在某一个可以人为判断的时间区域内 (如停电时系统由备用电源供电运行的时间内), 故本章研究在某个时间区域内的鲁棒稳定性, 即时域有限鲁棒稳定性. 关于广义时变系统的时域有限鲁棒稳定性的研究成果不多, Kablar 研究了零输入广义时变系统的时域有限鲁棒稳定性, 给出了鲁棒稳定的充分条件, 但是没有给出反馈控制器的设计方法, 适用范围较小.

本章将结合 Lyapunov 方程和 $Q$ 范数研究带有非线性扰动的广义时变系统的时域有限鲁棒稳定性, 给出时域有限鲁棒稳定的充分条件, 并给出鲁棒镇定器的设计方法, 数值仿真说明了研究成果的有效性.

## 10.1  系 统 描 述

考虑如下系统

$$E(t)\dot{x}(t) = A(t)x(t) + B(t)u(t) + f_P(t), \quad x(t_0) = x_0 \in W_k \qquad (10.1.1)$$

$E(t)$, $A(t)$, $B(t)$ 分别是 $n \times n, n \times n, n \times m$ 可解析矩阵函数, 并且 $E(t)$ 是奇异矩阵; $x(t) \in \mathbf{R}^n$ 是系统的状态; $u(t) \in \mathbf{R}^m$ 是系统的输入; $x_0$ 是初始条件; $W_k$ 是有光滑解的初始条件生成的子空间, $f_P(t)$ 为干扰向量, 是非线性时变矩阵函数.

本章研究系统 (10.1.1) 在条件 $\{J, \alpha, \beta, \varepsilon(t), Q(t)\}$ 下的鲁棒稳定性, 其中, $J = \{t : t_0 \leqslant t \leqslant t_0 + T\}$ 是本章研究的时间区间, $T$ 可以是正实数或 $+\infty$; $\alpha$ 表示系统的所有初始状态, $\beta$ 表示系统的所有容许状态, 且满足 $\alpha < \beta$; $\varepsilon(t)$ 是关于 $t$ 的有界

函数; $Q(t) = E(t)^{\mathrm{T}}P(t)E(t)$, $P(t) = P(t)^{\mathrm{T}} > 0$ 是任意满足条件的矩阵函数. 以上参数下面还会有详细讲解.

## 10.2　时域有限鲁棒稳定性分析

**定义 10.2.1**(Q 范数)　对于系统 (10.1.1) 称 $\|x(t)\|_Q = x^{\mathrm{T}}(t)Q(t)x(t)$ 为 $x(t)$ 的 Q 范数, 其中 $Q(t) = E(t)^{\mathrm{T}}P(t)E(t)$, $P(t) = P(t)^{\mathrm{T}} > 0$ 是任意满足条件的矩阵函数.

**定义 10.2.2**　关于 $\{J, \alpha, \beta, \varepsilon(t), Q(t)\}$ 的系统 (10.1.1) 是时域有限稳定的, 当且仅当对于任意的初始条件 $x_0 \in W_k$ 和输入 $u(t)$ 满足以下条件:

$$\|x_0\|_Q^2 < \alpha, \quad \|B(t)u(t)\|_Q \leqslant \varepsilon(t) \Rightarrow \|x(t)\|_Q < \beta, \quad \forall t \in J$$

**引理 10.2.1**　关于 $\{J, \alpha, \beta, \varepsilon(t), Q(t)\}$ 的系统 $E(t)\dot{x}(t) = A(t)x(t) + f(t)$ 是鲁棒稳定的, 如果满足以下条件:

$$\int_{t_0}^{t} (\Lambda_{\max}(M(\tau)) + 2\mu)\mathrm{d}\tau < \ln\left(\frac{\beta}{\alpha}\right),$$

$$f_P(x(t), u(t), t) \leqslant \mu E(t)y(t), \quad \mu > 0$$

其中 $\mu$ 为常量

$$\Lambda_{\max}(M(t)) = \max\left\{x^{\mathrm{T}}(t)M(t)x(t) : x(t) \in W_k/\{0\}, x^{\mathrm{T}}(t)E^{\mathrm{T}}(t)P(t)E(t)x(t) = 1\right\} \tag{10.2.1}$$

$$M(t) = A^{\mathrm{T}}(t)P(t)E(t) + \dot{E}^{\mathrm{T}}(t)P(t)E(t) + E^{\mathrm{T}}(t)\dot{P}(t)E(t)$$
$$+ E^{\mathrm{T}}(t)P(t)\dot{E}(t) + E^{\mathrm{T}}(t)P(t)A(t) \tag{10.2.2}$$

**定理 10.2.1**　关于 $\{J, \alpha, \beta, \varepsilon(t), Q(t)\}$ 的系统 (10.1.1) 是鲁棒稳定的, 如果满足:

$$\alpha \mathrm{e}^{\frac{1}{2}\int_{t_0}^{t}(\Lambda_{\max}(M(t))+2\mu)\mathrm{d}t} + \int_{t_0}^{t}\varepsilon(\tau)\mathrm{e}^{-\frac{1}{2}\int_{t}^{\tau}(\Lambda_{\max}(M(t))+2\mu)\mathrm{d}t}\mathrm{d}\tau < \beta \tag{10.2.3}$$

$$f_P(x(t), u(t), t) \leqslant \mu E(t)y(t), \quad \mu > 0 \tag{10.2.4}$$

其中 $\mu$ 为常量,

$$\Lambda_{\max}(M(t)) = \max\left\{x^{\mathrm{T}}(t)M(t)x(t) : x(t) \in W_k/\{0\}, x^{\mathrm{T}}(t)E^{\mathrm{T}}(t)P(t)E(t)x(t) = 1\right\}$$

$$M(t) = A^{\mathrm{T}}(t)P(t)E(t) + \dot{E}^{\mathrm{T}}(t)P(t)E(t) + E^{\mathrm{T}}(t)\dot{P}(t)E(t)$$

$$+ E^{\mathrm{T}}(t)P(t)\dot{E}(t) + E^{\mathrm{T}}(t)P(t)A(t)$$

**证明** 我们选择使用 Lyapunov 函数:

$$V(t, x(t)) = x^{\mathrm{T}}(t)E^{\mathrm{T}}(t)P(t)E(t)x(t) \tag{10.2.5}$$

由引理 10.2.1 得

$$
\begin{aligned}
\dot{V}(t, x(t)) ={}& x^{\mathrm{T}}(t)(\dot{E}^{\mathrm{T}}(t)P(t)E(t) + E^{\mathrm{T}}(t)\dot{P}(t)E(t) + E^{\mathrm{T}}(t)P(t)\dot{E}(t))x(t) \\
& + (E(t)\dot{x}(t))^{\mathrm{T}}P(t)E(t)x(t) + x^{\mathrm{T}}(t)E^{\mathrm{T}}(t)P(t)E(t)\dot{x}(t)
\end{aligned} \tag{10.2.6}
$$

结合式 (10.1.1)、式 (10.2.2) 和式 (10.2.6) 有

$$\dot{V}(t, x(t)) = x^{\mathrm{T}}(t)M(t)x(t) + 2(B(t)u(t))^{\mathrm{T}}P(t)E(t)x(t) + 2\mu E^{\mathrm{T}}(t)P(t)E(t) \tag{10.2.7}$$

再将式 (10.2.4)、式 (10.2.5) 和式 (10.2.1) 代入式 (10.2.7) 得

$$
\begin{aligned}
\dot{V}(t, x(t)) \leqslant{}& x^{\mathrm{T}}(t)M(t)x(t) + 2(B(t)u(t))^{\mathrm{T}}P(t)E(t)x(t) \\
& + 2\mu x^{\mathrm{T}}(t)E^{\mathrm{T}}(t)P(t)E(t)x(t) \\
\leqslant{}& x^{\mathrm{T}}(t)M(t)x(t) + 2(B(t)u(t))^{\mathrm{T}}P(t)E(t)x(t) + 2\mu V(t, x(t)) \\
\leqslant{}& M(t)V(t, x(t)) + 2(B(t)u(t))^{\mathrm{T}}P(t)E(t)x(t) + 2\mu V(t, x(t))
\end{aligned}
$$

由定义 10.2.2 知, $\|B(t)u(t)\|_Q \leqslant \varepsilon(t)$, 所以

$$\dot{V}(t, x(t)) \leqslant M(t)V(t, x(t)) + 2\varepsilon(t)P(t)E(t)x(t) + 2\mu V(t, x(t))$$

因为

$$
\begin{aligned}
\left\| P^{\frac{1}{2}}(t)E(t)x(t) \right\| &= \sqrt{x^{\mathrm{T}}(t)E^{\mathrm{T}}(t)P(t)E(t)x(t)} \\
&= \sqrt{V(t, x(t))},
\end{aligned}
$$

所以

$$\dot{V}(t, x(t)) \leqslant M(t)V(t, x(t)) + 2\varepsilon(t)P^{\frac{1}{2}}(t)\sqrt{V(t, x(t))} + 2\mu V(t, x(t)) \tag{10.2.8}$$

令

$$y(t) = \sqrt{V(t, x(t))} \tag{10.2.9}$$

则

$$\dot{y}(t) = \frac{1}{2}V^{-\frac{1}{2}}(t, x(t))\dot{V}(t, x(t))$$

所以

$$\dot{V}(t, x(t)) = 2\dot{y}(t)V^{-\frac{1}{2}}(t, x(t)) \tag{10.2.10}$$

结合式 (10.2.9)、式 (10.2.10) 和式 (10.2.8) 化简得

$$2\dot{y}(t) - \Lambda_{\max}(M(t) + 2\mu)y(t) \geqslant 2\varepsilon(t)P^{\frac{1}{2}}(t)y(t) \tag{10.2.11}$$

解 (10.2.11) 并化简得

$$
\begin{aligned}
y(t) &= ce^{\frac{1}{2}\int_{t_0}^{t} \Lambda_{\max}(M(t)+2\mu)\mathrm{d}\xi} \\
&\quad + \int_{t_0}^{t} \varepsilon(t)P^{\frac{1}{2}}(t)e^{\frac{1}{2}\int_{t_0}^{t} \Lambda_{\max}(M(t)+2\mu)\mathrm{d}\xi - \frac{1}{2}\int_{t_0}^{\tau} \Lambda_{\max}(M(t)+2\mu)\mathrm{d}\xi}\mathrm{d}\tau \\
&= ce^{\frac{1}{2}\int_{t_0}^{t} \Lambda_{\max}(M(t)+2\mu)\mathrm{d}\xi} + \int_{t_0}^{t} \varepsilon(t)P^{\frac{1}{2}}(t)e^{\frac{1}{2}\int_{\tau}^{t} \Lambda_{\max}(M(t)+2\mu)\mathrm{d}\xi}\mathrm{d}\tau \\
&= ce^{\frac{1}{2}\int_{t_0}^{t} \Lambda_{\max}(M(t)+2\mu)\mathrm{d}\xi} + \int_{t_0}^{t} \varepsilon(t)P^{\frac{1}{2}}(t)e^{-\frac{1}{2}\int_{t}^{\tau} \Lambda_{\max}(M(t)+2\mu)\mathrm{d}\xi}\mathrm{d}\tau \tag{10.2.12}
\end{aligned}
$$

因为 $Q(t) = E^{\mathrm{T}}(t)P(t)E(t)$, 所以

$$\|x(t)\|_Q^2 = V(t, x(t)) = x^{\mathrm{T}}(t)E^{\mathrm{T}}(t)P(t)E(t)x(t),$$

可知

$$y(t) = \sqrt{V(t, x(t))} = \|x(t)\|_Q \tag{10.2.13}$$

将式 (10.2.13) 代入 (10.2.12) 得

$$\|x(t)\|_Q = ce^{\frac{1}{2}\int_{t_0}^{t} \Lambda_{\max}(M(t)+2\mu)\mathrm{d}\xi} + \int_{t_0}^{t} \varepsilon(t)P^{\frac{1}{2}}(t)e^{-\frac{1}{2}\int_{t}^{\tau} \Lambda_{\max}(M(t)+2\mu)\mathrm{d}\xi}\mathrm{d}\tau$$

当 $t = t_0$ 时, $\|x_0\|_Q = c$

$$\|x(t)\|_Q \geqslant \|x_0\|_Q e^{\frac{1}{2}\int_{t_0}^{t} \Lambda_{\max}(M(t))\mathrm{d}t} + \int_{t_0}^{t} \varepsilon(t)P^{\frac{1}{2}}(t)e^{-\frac{1}{2}\int_{t}^{\tau} \Lambda_{\max}(M(t)+2\mu)\mathrm{d}\xi}\mathrm{d}\tau$$

由 $\|x_0\|_Q < \alpha$, $t^* \in J$

$$\|x(t)\|_Q \leqslant \alpha e^{\frac{1}{2}\int_{t_0}^{t} \Lambda_{\max}(M(t))\mathrm{d}t} + \int_{t_0}^{t} \varepsilon(t)P^{\frac{1}{2}}(t)e^{-\frac{1}{2}\int_{t}^{\tau} \Lambda_{\max}(M(t)+2\mu)\mathrm{d}\xi}\mathrm{d}\tau$$

由式 (10.2.3) 可知

$$\|x(t)\|_Q < \beta \qquad\qquad \square$$

**推论 10.2.1**　关于 $\{J, \alpha, \beta, Q(t)\}$ 的系统 $E(t)\dot{x}(t) = A(t)x(t) + B(t)u(t)$ 是稳定的, 如果满足:

$$\alpha e^{\frac{1}{2}\int_{t_0}^{t} \Lambda_{\max}(M(t))\mathrm{d}t} < \beta$$

其中

$$\Lambda_{\max}(M(t)) = \max \left\{ x^{\mathrm{T}}(t)M(t)x(t) : x(t) \in W_k/\{0\}, x^{\mathrm{T}}(t)E^{\mathrm{T}}(t)P(t)E(t)x(t) = 1 \right\}$$

$$M(t) = A^{\mathrm{T}}(t)P(t)E(t) + \dot{E}^{\mathrm{T}}(t)P(t)E(t) + E^{\mathrm{T}}(t)\dot{P}(t)E(t)$$
$$+ E^{\mathrm{T}}(t)P(t)\dot{E}(t) + E^{\mathrm{T}}(t)P(t)A(t)$$

**注 10.2.1**　推论 10.2.1 是定理 10.2.1 在无干扰系统下的一个特殊情况, 并且所得结论与 N. A. Kablar 的结果是相吻合的, 说明了推论 10.2.1 的正确性.

**定义 10.2.3**　关于系统 (10.1.1) 的 $\{J, \alpha, \beta, \varepsilon(t), Q(t)\}, \alpha, \beta, Q(t) = Q^{\mathrm{T}}(t) > 0, \alpha < \beta$, 是限时非稳定的, 当且仅当, 一致初始条件 $x_0 \in W_k$ 和函数 $u(t)$ 的值向量满足: 当 $\|x_0\|_Q^2 < \alpha, \|B(t)u(t)\|_Q \leqslant \varepsilon(t)$ 时, $\exists t \in J$ 使 $\|x(t)\|_Q^2 \geqslant \beta$.

## 10.3　基于状态反馈的时域有限鲁棒稳定性

分析时域有限鲁棒镇定器在控制系统中的应用, 我们不难发现, 鲁棒镇定器可以使系统对干扰不敏感, 从而产生自动抗干扰的能力. 下面假设一个受控系统在无故障情况下已经满足 Lyapunov 渐近稳定, 当突然发生故障时给出鲁棒镇定控制器, 能使系统达到稳定.

我们选取 $Q$ 范数性能指标

$$w = \frac{1}{2} \int_{t_0}^{t} \left( \|x\|_Q + \|u\|_R \right) \mathrm{d}t$$

其中 $Q \in \mathbf{R}^{n \times n}, R \in \mathbf{R}^{n \times n}$, 分别为半正定矩阵和正定矩阵, $\|u\|_R = u^{\mathrm{T}}Ru$.

**定理 10.3.1**　系统 (10.1.1) 在反馈控制器 $u$ 作用下的闭环系统是鲁棒镇定的, 如果存在 $P, P_1 \in \mathbf{R}^{q \times q}$ 满足下面两个方程

$$(A + \dot{E})^{\mathrm{T}}PE + E^{\mathrm{T}}P(A + \dot{E}) + E^{\mathrm{T}}PBR^{-1}B^{\mathrm{T}}PE + Q = 0$$

$$(E^{\mathrm{T}}P + \dot{E}^{\mathrm{T}}P_1 - E^{\mathrm{T}}PBR^{-1}B^{\mathrm{T}}P_1 + E^{\mathrm{T}}\dot{P}_1)f(t) + E^{\mathrm{T}}P_1\dot{f}(t) = -A^{\mathrm{T}}P_1 f(t)$$

这时鲁棒镇定器 $u = -R^{-1}B^{\mathrm{T}}PEx - R^{-1}B^{\mathrm{T}}P_1 f(t)$.

**证明**　根据最优控制律理论, 我们首先求解如下边值问题:

$$\begin{cases} E(t)\dot{x}(t) = A(t)x(t) + B(t)u(t) + f(t) \\ \dot{E}^{\mathrm{T}}\lambda_1 + E^{\mathrm{T}}\dot{\lambda}_1 = -Qx - A^{\mathrm{T}}\lambda_1 \end{cases} \tag{10.3.1}$$

可得

$$u = -R^{-1}B^{\mathrm{T}}\lambda_1(t)$$

再令

$$\lambda_1 = PEx + P_1 f(t)$$

则 $\dot{\lambda}_1 = \dot{P}Ex + P\dot{E}x + PE\dot{x} + \dot{P}_1 f(t) + P_1 \dot{f}(t).$

由式 (10.3.1) 可得

$$\dot{E}^{\mathrm{T}}PEx + E^{\mathrm{T}}\dot{P}Ex + E^{\mathrm{T}}P\dot{E}x + E^{\mathrm{T}}PE\dot{x} + \dot{E}^{\mathrm{T}}P_1 f(t) + E^{\mathrm{T}}\dot{P}_1 f(t) + E^{\mathrm{T}}P_1\dot{f}(t)$$
$$= -Qx - A^{\mathrm{T}}(PEx + P_1 f(t))$$

即为

$$(E^{\mathrm{T}}P\dot{E} + E^{\mathrm{T}}\dot{P}E + E^{\mathrm{T}}PA + \dot{E}^{\mathrm{T}}PE - E^{\mathrm{T}}PBR^{-1}B^{\mathrm{T}}PE)x$$
$$+ (E^{\mathrm{T}}P + \dot{E}^{\mathrm{T}}P_1 - E^{\mathrm{T}}PBR^{-1}B^{\mathrm{T}}P_1 + E^{\mathrm{T}}\dot{P}_1)f(t) + E^{\mathrm{T}}P_1\dot{f}(t)$$
$$= (-A^{\mathrm{T}}PE - Q)x + (-A^{\mathrm{T}}P_1)f(t)$$

则可得 $P$ 是下式的解

$$(A + \dot{E})^{\mathrm{T}}PE + E^{\mathrm{T}}P(A + \dot{E}) + E^{\mathrm{T}}PBR^{-1}B^{\mathrm{T}}PE + Q = 0$$

$P_1$ 是以下方程的解

$$(E^{\mathrm{T}}P + \dot{E}^{\mathrm{T}}P_1 - E^{\mathrm{T}}PBR^{-1}B^{\mathrm{T}}P_1 + E^{\mathrm{T}}\dot{P}_1)f(t) + E^{\mathrm{T}}P_1\dot{f}(t) = -A^{\mathrm{T}}P_1 f(t)$$

**注 10.3.1**　由于干扰的存在, 通过求解增益 $K$ 来求解状态反馈 $u$ 的方法在这里行不通, 故定理 10.3.1 中采用求解 Riccati 方程求得 $P$ 和 $P_1$ 的方法来求解状态反馈 $u$.

## 10.4　数 值 仿 真

考虑如下广义时变系统

$$E(t) = \begin{pmatrix} t & 0 \\ 0 & 0 \end{pmatrix}, \quad A(t) = \begin{pmatrix} 2t & 0 \\ t & -3t \end{pmatrix}, \quad B(t) = \begin{pmatrix} t \\ 1 \end{pmatrix}$$

假设干扰出现的时间区间为 $[1,2]$, 干扰向量为

$$f(t) = \begin{pmatrix} x_1 x_2 \\ 1 \end{pmatrix}, \quad Q = \begin{pmatrix} 1 & 0 \\ 0 & 1 \end{pmatrix}, \quad R = 2, \quad x_1(1) = 100.68, \quad x_1(2) = 10$$

运用 Matlab 对系统状态进行仿真得图 10.1 和图 10.2. 由图 10.1 可见系统在干扰出现时的状态极不稳定, 导致了系统的崩溃. 由图 10.2 可见当系统加上控制

器之后控制器可以很好地衰减干扰产生的影响, 使系统状态在短时间内恢复稳定,
体现了控制器良好的控制能力.

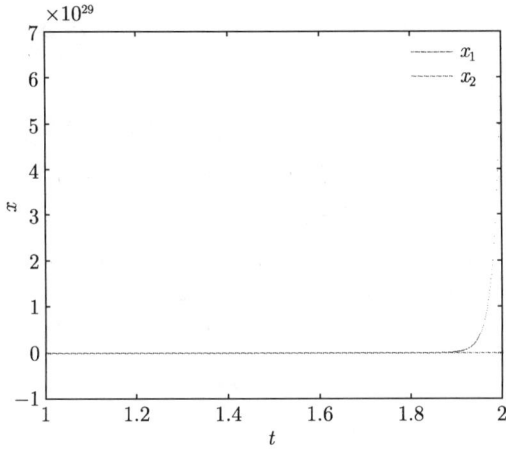

图 10.1　干扰出现时的系统状态

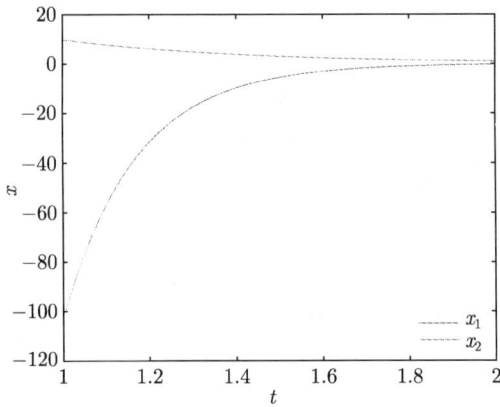

图 10.2　控制器作用下的系统状态

# 第 11 章　一类广义时变系统的鲁棒容错控制

现代控制系统正朝着大规模、复杂化的方向发展, 这类系统一旦发生故障就可能造成人员和财产的巨大损失. 完整性容错控制是指当系统中某些传感器或 (和) 执行器发生故障时, 设计合理的容错控制器, 使闭环系统在运行的过程中仍能保持稳定性及预定的性能指标, 是容错控制的一个重要方面, 并受到众多学者的关注. 胡刚, 谢湘生, 刘永清 (2001) 针对不确定广义系统, 在执行器发生故障的情况下, 给出了一类不确定广义系统鲁棒稳定的充要条件. 李军、吴刚、王志全讨论了有界线性时变不确定系统的鲁棒 $H_\infty$ 容错控制问题, 得到了鲁棒 $H_\infty$ 容错控制器存在的充分条件.

广义时变系统能描述更多的动态性能, 并考虑到其在实际中的广泛应用性, 人们逐渐地将注意力转移到广义时变系统容错控制的研究中来. 姚丽娜和赵培军 (2010) 研究了时变奇异系统的容错控制问题, 给出了一种容错控制律的设计方法, 但是未考虑系统的鲁棒性. 本章主要研究广义时变系统的鲁棒镇定问题, 给出了系统鲁棒镇定的充要条件. 以往关于容错控制问题的研究未考虑到状态向量不可观测的情形, 本章引进状态观测器对广义时变系统的鲁棒容错控制问题进行了研究, 得到了系统执行器发生故障情况下系统鲁棒镇定的充分条件, 并得到了相应容错控制律的设计方法.

## 11.1　系统描述与预备知识

考虑一类具有如下形式的广义时变系统

$$Ex(t) = (A(t) + \Delta A(t))x(t) + (B(t) + \Delta B(t))u(t)$$
$$y(t) = C(t)x(t) \tag{11.1.1}$$

其中 $x(t) \in \mathbf{R}^n, u(t) \in \mathbf{R}^m$ 分别是系统的状态向量和控制输入向量: $E \in \mathbf{R}^{n \times n}$ 且 $\mathrm{rank} E = r \leqslant n$: $A(t), B(t), C(t)$ 是 $\mathbf{R}$ 上的适当维数的可解析矩阵: $\Delta A(t), \Delta B(t)$ 为时变不确定阵且具有以下数值界

$$|\Delta A(t)| \prec \bar{A}, \quad |\Delta B(t)| \prec \bar{B}$$

$\bar{A}, \bar{B}$ 为具有非负实数的实常数矩阵, 并分别与 $\Delta A, \Delta B$ 具有相同维数, $|\Delta| \prec \bar{\Delta}$ 的含义是 $|e_{ij}| \leqslant \bar{e}_{ij}, e_{ij}$ 和 $\bar{e}_{ij}$ 分别为矩阵 $\Delta$ 和 $\bar{\Delta}$ 的第 $(i, j)$ 个对应元素.

设反馈控制器具有以下形式

$$u(t) = K(t)x(t)$$

其中 $K(t)$ 是适当维数的待定矩阵, 则广义时变系统 (11.1.1) 闭环系统为

$$E\dot{x}(t) = (A(t) + \Delta A(t) + (B(t) + \Delta B(t))K(t))x(t) \tag{11.1.2}$$

**引理 11.1.1** 若 $n \times m$ 矩阵 $\Delta A$ 满足 $|\Delta A| \prec D$, 则 $\Delta A \Delta A^{\mathrm{T}} \leqslant \Pi(D), \Delta A^{\mathrm{T}} \Delta A \leqslant \Sigma(D)$, 其中

$$\Pi(D) = \begin{cases} \|DD^{\mathrm{T}}\| I_{n \times n}, & \|DD^{\mathrm{T}}\| I_{n \times n} < n\mathrm{diag}(DD^{\mathrm{T}}) \\ n\mathrm{diag}(DD^{\mathrm{T}}), & \text{其他} \end{cases}$$

$$\Sigma(D) = \begin{cases} \|D^{\mathrm{T}}D\| I_{n \times n}, & \|D^{\mathrm{T}}D\| I_{n \times n} < m\mathrm{diag}(D^{\mathrm{T}}D) \\ m\mathrm{diag}(D^{\mathrm{T}}D), & \text{其他} \end{cases}$$

## 11.2　执行器未发生故障时的鲁棒镇定问题

针对广义时变系统 (11.1.1), 假设 $\Delta A(t), \Delta B(t)$ 为时变不确定阵且具有如下形式

$$(\Delta A(t) \quad \Delta B(t)) = M(t)F(t)(N_1(t) \quad N_2(t)) \tag{11.2.1}$$

其中 $M(t), N_1(t), N_2(t)$ 为适当维数的解析矩阵函数, $F(t)$ 为具有 Lebesgue 可测元的不确定的解析矩阵函数, 且满足 $F^{\mathrm{T}}(t)F(t) \leqslant I$.

**引理 11.2.1** 设 $D, F, E$ 为适当维数的矩阵, $\|F\| \leqslant I$, 则对任意的 $\varepsilon > 0$, 有

$$DFE + E^{\mathrm{T}}F^{\mathrm{T}}D^{\mathrm{T}} \leqslant \varepsilon E^{\mathrm{T}}E + \varepsilon^{-1}DD^{\mathrm{T}}$$

**引理 11.2.2** 设矩阵 $M, N, P \in \mathbf{R}^{n \times n}$, 满足 $M \geqslant 0, N \geqslant O$ 和 $P < 0$, 如果对于任意的非零向量 $x \in \mathbf{R}^n$, 有

$$(x^{\mathrm{T}}Px)^2 - 4(x^{\mathrm{T}}Mx)(x^{\mathrm{T}}Nx) > 0$$

则存在常数 $\lambda > 0$, 使得下式成立

$$\lambda^2 M + \lambda P + N < 0$$

**引理 11.2.3** 对于任意 $Z, Y \in \mathbf{R}^{n \times n}$, 以及任意常数 $\varepsilon > 0$, 有

$$Z^{\mathrm{T}}Y + Y^{\mathrm{T}}Z \leqslant \varepsilon Z^{\mathrm{T}}Z + \varepsilon^{-1}Y^{\mathrm{T}}Y$$

**定理 11.2.1** 若广义时变系统 (11.1.2) 是一致正则并且无脉冲的, 则系统鲁棒镇定的充要条件为, 存在正定对称矩阵 $X(t) \in \mathbf{R}^{n \times n}$, 以及常数 $\varepsilon_i > 0, i = 1, 2, 3$, 满足以下矩阵不等式

$$\begin{pmatrix} \tilde{A}(t) & X^{\mathrm{T}}(t)B(t) & N_1^{\mathrm{T}}(t) & X^{\mathrm{T}}(t)M(t) \\ B^{\mathrm{T}}(t)X(t) & -\varepsilon_1 I & 0 & 0 \\ N_1(t) & 0 & -\varepsilon_2 I & 0 \\ M^{\mathrm{T}}(t)X(t) & 0 & 0 & -\dfrac{\varepsilon_2 \varepsilon_3}{\varepsilon_2 + \varepsilon_3}I \end{pmatrix} < 0 \qquad (11.2.2)$$

这里

$$\tilde{A}(t) = E^{\mathrm{T}}(t)\dot{X}(t) + A^{\mathrm{T}}(t)X(t) + X^{\mathrm{T}}(t)A(t) - (\varepsilon_1 I + \varepsilon_3 N_2^{\mathrm{T}}(t)N_2(t))(\varepsilon_1 I + \varepsilon_3 N_2^{\mathrm{T}}(t)N_2(t))^{\mathrm{T}}$$

且状态反馈控制器为

$$u(t) = -(\varepsilon_1 I + \varepsilon_3 N_2^{\mathrm{T}}(t)N_2(t))^{\mathrm{T}}x(t)$$

**证明** 充分性. 设存在正定对称矩阵 $X(t) \in \mathbf{R}^{n \times n}$, 以及常数 $\varepsilon_i > 0, i = 1, 2, 3$, 满足线性矩阵不等式 (11.2.2). 首先, 构造 Lyapunov 函数

$$V(t) = x^{\mathrm{T}}(t)E^{\mathrm{T}}X(t)x(t)$$

两边同时对 $t$ 求导, 得到

$$\dot{V}(t) = x^{\mathrm{T}}(t)(E^{\mathrm{T}}\dot{X}(t) + A^{\mathrm{T}}(t)X(t) + X^{\mathrm{T}}(t)A(t))x(t)$$

将式 (11.2.1) 代入式 (11.1.2) 得到式 (11.1.2) 的等价形式

$$E\dot{x}(t) = (A(t) + B(t)K(t) + M(t)F(t)(N_1(t) + N_2(t)K(t)))x(t) = A_c(t)x(t)$$

那么

$$\begin{aligned} & E^{\mathrm{T}}\dot{X}(t) + A_c^{\mathrm{T}}(t)X(t) + X^{\mathrm{T}}(t)A_c(t) \\ =\ & E^{\mathrm{T}}\dot{X}(t) + (A(t) + B(t)K(t) + M(t)F(t)(N_1(t) + N_2(t)K(t)))^{\mathrm{T}}X(t) \\ & + X^{\mathrm{T}}(t)(A(t) + B(t)K(t) + M(t)F(t)(N_1(t) + N_2(t)K(t))) \\ =\ & E^{\mathrm{T}}\dot{X}(t) + A^{\mathrm{T}}(t)X(t) + X^{\mathrm{T}}(t)A(t) + K^{\mathrm{T}}(t)B^{\mathrm{T}}(t)X(t) + X^{\mathrm{T}}(t)B(t)K(t) \\ & + N_1^{\mathrm{T}}(t)F^{\mathrm{T}}(t)M^{\mathrm{T}}(t)X(t) + X^{\mathrm{T}}(t)M(t)F(t)N_1(t) + K^{\mathrm{T}}(t)N_2^{\mathrm{T}}(t)F^{\mathrm{T}}(t)M^{\mathrm{T}}(t)X(t) \\ & + X^{\mathrm{T}}(t)M(t)F(t)N_2(t)K(t) \end{aligned} \qquad (11.2.3)$$

由引理 11.2.1 及矢量不等式得

$$K^{\mathrm{T}}(t)B^{\mathrm{T}}(t)X(t) + X^{\mathrm{T}}(t)B(t)K(t) \leqslant \varepsilon_1 K^{\mathrm{T}}(t)K(t) + \varepsilon_1^{-1}X^{\mathrm{T}}(t)B(t)B^{\mathrm{T}}(t)X(t)$$
$$(11.2.4)$$

$$N_1^{\mathrm{T}}(t)F^{\mathrm{T}}(t)M^{\mathrm{T}}(t)X(t) + X^{\mathrm{T}}(t)M(t)F(t)N_1(t)$$
$$\leqslant \varepsilon_2 N_1^{\mathrm{T}}(t)N_1(t) + \varepsilon_2^{-1}X^{\mathrm{T}}(t)M(t)M^{\mathrm{T}}(t)X(t) \tag{11.2.5}$$

$$K^{\mathrm{T}}(t)N_2^{\mathrm{T}}(t)F^{\mathrm{T}}(t)M^{\mathrm{T}}(t)X(t) + X^{\mathrm{T}}(t)M(t)F(t)N_2(t)K(t)$$
$$\leqslant \varepsilon_3 K^{\mathrm{T}}(t)N_2^{\mathrm{T}}(t)N_2(t)K(t) + \varepsilon_3^{-1}X^{\mathrm{T}}(t)M(t)M^{\mathrm{T}}(t)X(t) \tag{11.2.6}$$

将式 (11.2.4)~ 式 (11.2.6) 代入式 (11.2.3) 得到

$$E^{\mathrm{T}}\dot{X}(t) + A_c^{\mathrm{T}}(t)X(t) + X^{\mathrm{T}}(t)A_c(t)$$
$$\leqslant E^{\mathrm{T}}\dot{X}(t) + A^{\mathrm{T}}(t)X(t) + X^{\mathrm{T}}(t)A(t) + \varepsilon_1 K^{\mathrm{T}}(t)K(t) + \varepsilon_1^{-1}X^{\mathrm{T}}(t)B(t)B^{\mathrm{T}}(t)X(t)$$
$$+ \varepsilon_2 N_1^{\mathrm{T}}(t)N_1(t) + (\varepsilon_2^{-1} + \varepsilon_3^{-1})X^{\mathrm{T}}(t)M(t)M^{\mathrm{T}}(t)X(t) + \varepsilon_3 K^{\mathrm{T}}N_2^{\mathrm{T}}(t)N_2(t)K(t)$$
$$(11.2.7)$$

将 $K(t) = -(\varepsilon_1 I + \varepsilon_3 N_2^{\mathrm{T}}(t)N_2(t))^{\mathrm{T}}$ 代入式 (11.2.8), 由定理 11.2.1 条件及 Schur 定理知式 (11.2.2) 与矩阵不等式 (11.2.7) 等价, 因此有

$$E^{\mathrm{T}}\dot{X}(t) + A_c^{\mathrm{T}}(t)X(t) + X^{\mathrm{T}}(t)A_c(t) < 0$$

进而 $\dot{V}(t) = x^{\mathrm{T}}(E^{\mathrm{T}}\dot{X}(t) + A^{\mathrm{T}}(t)X(t) + X^{\mathrm{T}}(t)A(t))x < 0$.

由 Lyapunov 理论知, 广义时变系统 (11.1.1) 是鲁棒镇定的.

**必要性** 若广义时变系统 (11.1.1) 是鲁棒镇定的, 则由引理 11.1.1 知, 存在正定对称矩阵 $V(t) \in \mathbf{R}^{n \times n}$, 使得 $E^{\mathrm{T}}\dot{X}(t) + A_c^{\mathrm{T}}(t)X(t) + X^{\mathrm{T}}(t)A_c(t) < 0$ 成立

$$E^{\mathrm{T}}\dot{X}(t) + A_c^{\mathrm{T}}(t)X(t) + X^{\mathrm{T}}(t)A_c(t)$$
$$= E^{\mathrm{T}}\dot{X}(t) + (A(t) + B(t)K(t))^{\mathrm{T}}X(t) + X^{\mathrm{T}}(t)(A(t) + B(t)K(t)) + (N_1(t)$$
$$+ N_2(t)K(t))^{\mathrm{T}}F^{\mathrm{T}}(t)M^{\mathrm{T}}(t)X(t) + X^{\mathrm{T}}(t)M(t)F(t)(N_1(t) + N_2(t)K(t)) \quad (11.2.8)$$

令 $P(t) = E^{\mathrm{T}}\dot{X}(t) + (A(t) + B(t)K(t))^{\mathrm{T}}X(t) + X^{\mathrm{T}}(t)(A(t) + B(t)K(t))$, 则对任意的非零向量 $x \in \mathbf{R}^n$, 可得

$$x^{\mathrm{T}}(t)P(t)x(t) < -2x^{\mathrm{T}}X^{\mathrm{T}}(t)M(t)F(t)(N_1(t) + N_2(t)K(t))x$$

则

$$x^{\mathrm{T}}(t)P(t)x(t) < -2\max\{x^{\mathrm{T}}X^{\mathrm{T}}(t)M(t)F(t)(N_1(t) + N_2(t)K(t))x / F^{\mathrm{T}}(t)F(t) \leqslant I\}$$

于是

$$(x^{\mathrm{T}}(t)P(t)x(t))^2 > 4(x^{\mathrm{T}}(t)X^{\mathrm{T}}(t)M(t)M(t)^{\mathrm{T}}X(t)x(t))$$
$$\cdot (x^{\mathrm{T}}(t)(N_1(t) + N_2(t)K(t))^{\mathrm{T}}(N_1(t) + N_2(t)K(t))x(t))$$

由引理 11.2.2, 存在常数 $\lambda > 0$, 使得

$$(N_1(t) + N_2(t)K(t))^{\mathrm{T}}(N_1(t) + N_2(t)K(t)) + \lambda P(t) + \lambda^2 X^{\mathrm{T}}(t)M(t)M(t)^{\mathrm{T}}X(t) < 0$$

将上式两端同除 $\lambda$, 且令 $\lambda = \varepsilon^{-2}$, 得

$$E^{\mathrm{T}}\dot{X}(t) + (A(t) + B(t)K(t))^{\mathrm{T}}X(t) + X^{\mathrm{T}}(t)(A(t) + B(t)K(t))$$
$$+ \varepsilon^{-2}(N_1(t) + N_2(t)K(t))^{\mathrm{T}}(N_1(t) + N_2(t)K(t)) + \varepsilon^{-1}X^{\mathrm{T}}(t)M(t)M(t)^{\mathrm{T}}X(t) < 0$$
$$(11.2.9)$$

将 $K(t) = -(\varepsilon_1 I + \varepsilon_3 N_2^{\mathrm{T}}(t)N_2(t))^{\mathrm{T}}$ 代入式 (11.2.9), 只需选取适当的常数 $\varepsilon_i > 0, i = 1, 2, 3$, 就能保证式 (11.2.9) 与条件 (11.2.2) 等价, 因此必要性成立.

## 11.3　执行器发生故障时的鲁棒容错控制问题

当执行器可以发生故障时, 引入表示执行器故障的开关矩阵 $L_s$, 其形式为

$$L_s = \mathrm{diag}\,(l_1, l_2, \cdots, l_m)$$

其中,

$$l_i = \begin{cases} 1, \text{表示第 } i \text{ 执行器正常} \\ 0, \text{表示第 } i \text{ 执行器失效} \end{cases} \quad (i = 1, 2, \cdots, m)$$

### 11.3.1　状态向量 $x(t)$ 可完全观测

考虑同时含有参数不确定性和执行器故障的不确定广义时变系统模型

$$E\dot{x}(t) = (A(t) + \Delta A(t) + (B(t) + \Delta B(t))L_s K(t))x(t) \tag{11.3.1}$$

**定理 11.3.1**　设广义时变系统 (11.3.1) 是正则无脉冲的, 若存在正定对称矩阵 $X(t) \in \mathbf{R}^n$, 矩阵 $N$ 及正数 $\varepsilon_i(i = 1, 2, 3)$ 满足下列线性矩阵不等式 (LMI)

$$\begin{pmatrix} \tilde{A}(t) & X(t)\Sigma^{\frac{1}{2}}(\bar{A}) & N^{\mathrm{T}}(t) & \Pi^{\frac{1}{2}}(\bar{B}) \\ \Sigma^{\frac{1}{2}}(\bar{A})X^{\mathrm{T}}(t) & -\varepsilon_1^{-1}I & 0 & 0 \\ N(t) & 0 & -(\varepsilon_2 + \varepsilon_3)I & 0 \\ \Pi^{\frac{1}{2}}(\bar{B}) & 0 & 0 & -\varepsilon_3 I \end{pmatrix} < 0 \tag{11.3.2}$$

这里 $\tilde{A}(t) = X(t)E^{\mathrm{T}}\dot{X}^{-T}(t)X^{\mathrm{T}}(t) + A(t)X^{\mathrm{T}}(t) + X(t)A^{\mathrm{T}}(t) + \varepsilon_1 I + \varepsilon_2^{-1}B(t)B^{\mathrm{T}}(t)$, 则广义时变系统 (11.3.1) 是鲁棒镇定的, 并且状态反馈控制器为 $K(t) = N(t)X^{-T}(t)$.

**证明**   设存在正定对称矩阵 $X(t) \in \mathbf{R}^n$, 矩阵 $N(t)$ 及正数 $\varepsilon_i(i=1,2,3)$ 满足线性矩阵不等式 (11.3.2), 则对于允许的不确定性矩阵 $\Delta A(t), \Delta B(t)$, 有

$$\dot{V}(t) = x^{\mathrm{T}}(E^{\mathrm{T}}\dot{V}(t) + A_c^{\mathrm{T}}(t)V(t) + V^{\mathrm{T}}(t)A_c(t))x$$

$$\begin{aligned}
&E^{\mathrm{T}}\dot{V}(t) + A_c^{\mathrm{T}}(t)V(t) + V^{\mathrm{T}}(t)A_c(t)\\
=&E^{\mathrm{T}}\dot{V}(t) + (A(t) + \Delta A(t) + (B(t) + \Delta B(t))L_s K(t))^{\mathrm{T}}V(t)\\
&+ V^{\mathrm{T}}(t)(A(t) + \Delta A(t) + (B(t) + \Delta B(t))L_s K(t))\\
=&E^{\mathrm{T}}\dot{V}(t) + A^{\mathrm{T}}(t)V(t) + V^{\mathrm{T}}(t)A(t) + \Delta A^{\mathrm{T}}(t)V(t) + V^{\mathrm{T}}(t)\Delta A(t)\\
&+ K^{\mathrm{T}}(t)L_s B^{\mathrm{T}}(t)V(t) + V^{\mathrm{T}}(t)B(t)L_s K(t) + K^{\mathrm{T}}(t)L_s \Delta B^{\mathrm{T}}(t)V(t)\\
&+ V^{\mathrm{T}}(t)\Delta B(t)L_s K(t)
\end{aligned} \tag{11.3.3}$$

由引理 11.1.1~ 引理 11.2.3 可以得到

$$\begin{aligned}
\Delta A^{\mathrm{T}}(t)V(t) + V^{\mathrm{T}}(t)\Delta A(t) &\leqslant \varepsilon_1 V^{\mathrm{T}}(t)V(t) + \varepsilon_1^{-1}\Delta A^{\mathrm{T}}(t)\Delta A(t)\\
&\leqslant \varepsilon_1 V^{\mathrm{T}}(t)V(t) + \varepsilon_1^{-1}\Sigma(\bar{A})
\end{aligned} \tag{11.3.4}$$

$$\begin{aligned}
&K^{\mathrm{T}}(t)L_s B^{\mathrm{T}}(t)V(t) + V^{\mathrm{T}}(t)B(t)L_s K(t)\\
\leqslant&\varepsilon_2 K^{\mathrm{T}}(t)L_s L_s K(t) + \varepsilon_2^{-1}V^{\mathrm{T}}(t)B(t)B^{\mathrm{T}}(t)V(t)\\
\leqslant&\varepsilon_2 K^{\mathrm{T}}(t)K(t) + \varepsilon_2^{-1}V^{\mathrm{T}}(t)B(t)B^{\mathrm{T}}(t)V(t)
\end{aligned} \tag{11.3.5}$$

$$\begin{aligned}
&K^{\mathrm{T}}(t)L_s \Delta B^{\mathrm{T}}(t)V(t) + V^{\mathrm{T}}(t)\Delta B(t)L_s K(t)\\
\leqslant&\varepsilon_3 K^{\mathrm{T}}(t)L_s L_s K(t) + \varepsilon_3^{-1}V^{\mathrm{T}}(t)\Delta B(t)\Delta B^{\mathrm{T}}(t)V(t)\\
\leqslant&\varepsilon_3 K^{\mathrm{T}}(t)K(t) + \varepsilon_3^{-1}V^{\mathrm{T}}(t)\Pi(\bar{B})V(t)
\end{aligned} \tag{11.3.6}$$

将式 (11.3.4)~ 式 (11.3.6) 代入式 (11.3.3) 得到

$$\begin{aligned}
&E^{\mathrm{T}}\dot{V}(t) + A_c^{\mathrm{T}}(t)V(t) + V^{\mathrm{T}}(t)A_c(t)\\
\leqslant&E^{\mathrm{T}}\dot{V}(t) + A^{\mathrm{T}}(t)V(t) + V^{\mathrm{T}}(t)A(t) + \varepsilon_1 V^{\mathrm{T}}(t)V(t) + \varepsilon_1^{-1}\Sigma(\bar{A})\\
&+ (\varepsilon_2 + \varepsilon_3)K^{\mathrm{T}}(t)K(t) + \varepsilon_2^{-1}V^{\mathrm{T}}(t)B(t)B^{\mathrm{T}}(t)V(t) + \varepsilon_3^{-1}V^{\mathrm{T}}(t)\Pi(\bar{B})V(t)
\end{aligned} \tag{11.3.7}$$

根据定理 11.3.1 条件, 由 Schur 补定理知式 (11.3.2) 等价于

$$X(t)E^{\mathrm{T}}\dot{X}^{-\mathrm{T}}(t)X^{\mathrm{T}}(t) + A(t)X^{\mathrm{T}}(t) + X(t)A^{\mathrm{T}}(t) + \varepsilon_1 I + \varepsilon_2 B(t)B^{\mathrm{T}}(t)$$

$$+ \varepsilon_1^{-1} X(t) \Sigma(\bar{A}) + (\varepsilon_2 + \varepsilon_3) N^{\mathrm{T}}(t) N(t) + \varepsilon_3^{-1} \Pi(\bar{B}) < 0 \qquad (11.3.8)$$

考虑到 $X(t)$ 可逆, 令 $V(t) = X^{-\mathrm{T}}(t)$ 及 $K(t) = N(t) X^{-\mathrm{T}}(t)$, 将不等式 (11.3.8) 两边, 做成 $V^{\mathrm{T}}(t)$ 又乘 $V(t)$, 得

$$E^{\mathrm{T}} \dot{V}(t) + A^{\mathrm{T}}(t) V(t) + V^{\mathrm{T}}(t) A(t) + \varepsilon_1 V^{\mathrm{T}}(t) V(t) + \varepsilon_1^{-1} \Sigma(\bar{A})$$

$$+ (\varepsilon_2 + \varepsilon_3) K^{\mathrm{T}}(t) K(t) + \varepsilon_2^{-1} V^{\mathrm{T}}(t) B(t) B^{\mathrm{T}}(t) V(t) + \varepsilon_3^{-1} V^{\mathrm{T}}(t) \Pi(\bar{B}) V(t) < 0$$

即为 $E^{\mathrm{T}} \dot{V}(t) + A_c^{\mathrm{T}}(t) V(t) + V^{\mathrm{T}}(t) A_c(t) < 0$.

所以 $\dot{V}(t) < 0$, 由 Lyapunov 定理知, 广义时变系统 (11.3.1) 是渐近稳定的, 又因为系统是一致正则且无脉冲的, 得到结论, 广义时变系统 (11.3.1) 鲁棒镇定, 并且系统对执行器失效具有完整性.

### 11.3.2　状态向量 $x(t)$ 不可直接观测

针对广义时变系统 (11.3.1), 构造状态观测器形如

$$E \dot{z}(t) = A(t) z(t) + B(t) u(t) + M(t)(y(t) - C(t) z(t)) \qquad (11.3.9)$$

来估计系统的状态. 其中 $M(t), C(t)$ 为具有适当维数的矩阵, $z(t) \in \mathbf{R}^n$ 为观测器状态, $M(t)$ 为观测器增益, $K(t)$ 为反馈增益, $e(t) = y(t) - C(t) z(t) = C(t)(x(t) - z(t))$. 考虑状态反馈控制器

$$u(t) = K(t) z(t)$$

结合广义时变系统 (11.3.1) 及状态观测器 (11.3.9) 得到闭环增广系统

$$\begin{cases} E\dot{x}(t) = (A(t) + \Delta A(t) + B(t) L_S K(t) + \Delta B(t) L_S K(t)) x(t) - (B(t) + \Delta B(t)) L_S K(t) e(t) \\ E\dot{e}(t) = (\Delta A(t) + \Delta B(t) L_S K(t)) x(t) + (A(t) - M(t) C(t) - \Delta B(t) L_S K(t)) e(t) \end{cases}$$

**定理 11.3.2**　设广义时变系统 (1) 是正则无脉冲的, 若存在正定对称矩阵 $X(t), Y(t)$, 矩阵 $N_1(t), N_2(t)$ 及正数 $\varepsilon_i (i = 1, 2, \cdots, 8)$ 满足下列线性矩阵不等式 (LMI)

$$\begin{pmatrix} \Psi_1(t) & X(t) \Sigma^{\frac{1}{2}}(\bar{A}) & N_1^{\mathrm{T}}(t) & \Pi^{\frac{1}{2}}(\bar{B}) \\ \Sigma^{\frac{1}{2}}(\bar{A}) X^{\mathrm{T}}(t) & -\dfrac{\varepsilon_1 \varepsilon_7}{\varepsilon_1 + \varepsilon_7} I & 0 & 0 \\ N_1(t) & 0 & -(\varepsilon_2 + \varepsilon_3 + \varepsilon_8)^{-1} I & 0 \\ \Pi^{\frac{1}{2}}(\bar{B}) & 0 & 0 & -\dfrac{\varepsilon_3 \varepsilon_4}{\varepsilon_3 + \varepsilon_4} I \end{pmatrix} < 0 \qquad (11.3.10)$$

$$\begin{pmatrix} \Psi_2(t) & N_2^{\mathrm{T}}(t) & \Pi^{\frac{1}{2}}(\bar{B}) \\ N_2(t) & -(\varepsilon_4 + \varepsilon_5 + \varepsilon_6)^{-1} I & 0 \\ \Pi^{\frac{1}{2}}(\bar{B}) & 0 & -\dfrac{\varepsilon_6 \varepsilon_8}{\varepsilon_6 + \varepsilon_8} I \end{pmatrix} < 0 \qquad (11.3.11)$$

这里

$$\Psi_1 = X(t)E^{\mathrm{T}}\dot{X}^{-\mathrm{T}}(t)X^{\mathrm{T}}(t) + A(t)X^{\mathrm{T}}(t) + X(t)A^{\mathrm{T}}(t) + \varepsilon_1 I + (\varepsilon_2^{-1} + \varepsilon_5^{-1})B(t)B^{\mathrm{T}}(t),$$

$$\Psi_2 = Y(t)E^{\mathrm{T}}\dot{X}^{-\mathrm{T}}(t)Y^{\mathrm{T}}(t) + A(t)Y^{\mathrm{T}}(t) + Y(t)A^{\mathrm{T}}(t) - Y(t)C^{\mathrm{T}}(t)M^{\mathrm{T}}(t)Q(t)Y^{\mathrm{T}}(t)$$

$$- Y(t)Q^{\mathrm{T}}(t)M(t)C(t)Y^{\mathrm{T}}(t)$$

则广义时变系统 (11.3.1) 是鲁棒镇定的, 并且具有 $K(t) = N(t)X^{-\mathrm{T}}(t)$ 形式的状态反馈控制器.

**证明** 假设存在正定对称矩阵 $X(t), Y(t)$, 矩阵 $N_1(t), N_2(t)$ 及正数 $\varepsilon_i(i = 1, 2, \cdots, 8)$ 满足线性矩阵不等式 (LMI) (11.3.10) 和式 (11.3.11).

构造 Lyapunov 函数

$$V(t) = x^{\mathrm{T}}(t)E^{\mathrm{T}}P(t)x(t) + e^{\mathrm{T}}(t)E^{\mathrm{T}}Q(t)e(t)$$

$P(t), Q(t)$ 为待定的正定阵. 上式两边同时对 $t$ 求导, 得到

$$\begin{aligned}
\dot{V}(t) =& x^{\mathrm{T}}(t)\{E^{\mathrm{T}}\dot{P}(t) + (A(t) + \Delta A(t) + B(t)L_s K(t) + \Delta B(t)L_s K(t))^{\mathrm{T}}P \\
& + P^{\mathrm{T}}(t)(A(t) + \Delta A(t) + B(t)L_s K(t) + \Delta B(t)L_s K(t))\}x(t) - e^{\mathrm{T}}(t)K^{\mathrm{T}}L_s(B(t) \\
& + \Delta B(t))^{\mathrm{T}}P(t)x - x^{\mathrm{T}}P^{\mathrm{T}}(B + \Delta B)L_s K e(t) + e^{\mathrm{T}}(t)\{E^{\mathrm{T}}\dot{Q}(t) + (A(t) - M(t)C(t) \\
& - \Delta B(t)L_s K)^{\mathrm{T}}Q(t) + Q^{\mathrm{T}}(A(t) - M(t)C(t) - \Delta B(t)L_s K(t))\}e(t) + x^{\mathrm{T}}(t)(\Delta A(t) \\
& + \Delta B(t)L_s K(t))^{\mathrm{T}}Q(t)e(t) + e^{\mathrm{T}}(t)Q^{\mathrm{T}}(t)(\Delta A(t) + \Delta B(t)L_s K(t))x(t) \\
=& x^{\mathrm{T}}(t)\{E^{\mathrm{T}}\dot{P}(t) + A^{\mathrm{T}}(t)P(t) + P^{\mathrm{T}}(t)A(t) + \Delta A^{\mathrm{T}}(t)P(t) + P^{\mathrm{T}}(t)\Delta A^{\mathrm{T}}(t) \\
& + K^{\mathrm{T}}(t)L_s B^{\mathrm{T}}(t)P(t) + P^{\mathrm{T}}(t)B(t)L_s K(t) + K^{\mathrm{T}}(t)L_s \Delta B^{\mathrm{T}}(t)P(t) + P^{\mathrm{T}}(t)\Delta B(t) \\
& L_s K(t)\}x(t) - [e^{\mathrm{T}}(t)K^{\mathrm{T}}L_s \Delta B^{\mathrm{T}}Px + x^{\mathrm{T}}P^{\mathrm{T}}\Delta B L_s K e(t)] \\
& - [e^{\mathrm{T}}(t)K^{\mathrm{T}}(t)L_s B^{\mathrm{T}}(t)P(t)x + x^{\mathrm{T}}(t)P^{\mathrm{T}}(t)B(t)L_s K(t)e(t)] \\
& + e^{\mathrm{T}}\{E^{\mathrm{T}}\dot{Q}(t) + A^{\mathrm{T}}Q + Q^{\mathrm{T}}A - C^{\mathrm{T}}M^{\mathrm{T}}Q \\
& - Q^{\mathrm{T}}(t)M(t)C(t) - K^{\mathrm{T}}(t)L_s \Delta B^{\mathrm{T}}(t)Q(t) - Q^{\mathrm{T}}(t)\Delta B(t)L_s K(t)\}e(t) \\
& + [x^{\mathrm{T}}(t)\Delta A^{\mathrm{T}}Q e(t) + e^{\mathrm{T}}(t)Q^{\mathrm{T}}\Delta A x(t)] + [x^{\mathrm{T}}(t)K^{\mathrm{T}}(t)L_s \Delta B^{\mathrm{T}}(t)Q(t)e(t) \\
& + e^{\mathrm{T}}(t)Q^{\mathrm{T}}(t)\Delta B(t)L_s K(t)x(t)]
\end{aligned} \tag{11.3.12}$$

由引理 11.1.1~ 引理 11.2.3 可以得到

$$\begin{aligned}
\Delta A^{\mathrm{T}}(t)P(t) + P^{\mathrm{T}}(t)\Delta A(t) &\leqslant \varepsilon_1 P^{\mathrm{T}}(t)P(t) + \varepsilon_1^{-1}\Delta A^{\mathrm{T}}(t)\Delta A(t) \\
&\leqslant \varepsilon_1 P^{\mathrm{T}}(t)P(t) + \varepsilon_1^{-1}\Sigma(\bar{A})
\end{aligned} \tag{11.3.13}$$

$$K^{\mathrm{T}}(t)L_s B^{\mathrm{T}}(t)P(t) + P^{\mathrm{T}}(t)B(t)L_s K(t)$$

$$\leqslant \varepsilon_2 K^{\mathrm{T}}(t)L_s L_s K(t) + \varepsilon_2^{-1} P^{\mathrm{T}}(t)B(t)B^{\mathrm{T}}(t)P(t)$$

$$\leqslant \varepsilon_2 K^{\mathrm{T}}(t)K(t) + \varepsilon_2^{-1} P^{\mathrm{T}}(t)B(t)B^{\mathrm{T}}(t)P(t) \tag{11.3.14}$$

$$K^{\mathrm{T}}(t)L_s \Delta B^{\mathrm{T}}(t)P(t) + P^{\mathrm{T}}(t)\Delta B(t)L_s K(t)$$

$$\leqslant \varepsilon_3 K^{\mathrm{T}}(t)L_s L_s K(t) + \varepsilon_3^{-1} P^{\mathrm{T}}(t)\Delta B(t)\Delta B^{\mathrm{T}}(t)P(t)$$

$$\leqslant \varepsilon_3 K^{\mathrm{T}}(t)K(t) + \varepsilon_3^{-1} P^{\mathrm{T}}(t)\Pi(\bar{B})P(t) \tag{11.3.15}$$

$$- [e^{\mathrm{T}}(t)K^{\mathrm{T}}(t)L_s \Delta B^{\mathrm{T}}(t)P(t)x + x^{\mathrm{T}}P^{\mathrm{T}}(t)\Delta B(t)L_s K(t)e(t)]$$

$$\leqslant \varepsilon_4 e^{\mathrm{T}}(t)K^{\mathrm{T}}(t)K(t)e(t) + \varepsilon_4^{-1} x^{\mathrm{T}}P^{\mathrm{T}}(t)\Delta B(t)L_s L_s \Delta B^{\mathrm{T}}(t)P(t)x$$

$$\leqslant \varepsilon_4 e^{\mathrm{T}}(t)K^{\mathrm{T}}(t)K(t)e(t) + \varepsilon_4^{-1} x^{\mathrm{T}}P^{\mathrm{T}}(t)\Pi(\bar{B})P(t)x \tag{11.3.16}$$

$$- [e^{\mathrm{T}}(t)K^{\mathrm{T}}(t)L_s B^{\mathrm{T}}(t)P(t)x + x^{\mathrm{T}}P^{\mathrm{T}}(t)B(t)L_s K(t)e(t)]$$

$$\leqslant \varepsilon_5 e^{\mathrm{T}}(t)K^{\mathrm{T}}(t)K(t)e(t) + \varepsilon_5^{-1} x^{\mathrm{T}}P^{\mathrm{T}}(t)B(t)L_s L_s B^{\mathrm{T}}(t)P(t)x$$

$$\leqslant \varepsilon_5 e^{\mathrm{T}}(t)K^{\mathrm{T}}(t)K(t)e(t) + \varepsilon_5^{-1} x^{\mathrm{T}}P^{\mathrm{T}}(t)B(t)B^{\mathrm{T}}(t)P(t)x \tag{11.3.17}$$

$$- [K^{\mathrm{T}}(t)L_s \Delta B^{\mathrm{T}}(t)Q(t) + Q^{\mathrm{T}}(t)\Delta B(t)L_s K(t)]$$

$$\leqslant \varepsilon_6 K^{\mathrm{T}}(t)K(t) + \varepsilon_6^{-1} Q^{\mathrm{T}}(t)\Delta B(t)L_s L_s \Delta B^{\mathrm{T}}(t)Q(t)$$

$$\leqslant \varepsilon_6 K^{\mathrm{T}}(t)K(t) + \varepsilon_6^{-1} Q^{\mathrm{T}}(t)\Pi(\bar{B})Q(t) \tag{11.3.18}$$

$$x^{\mathrm{T}}(t)\Delta A^{\mathrm{T}}(t)Q(t)e(t) + e^{\mathrm{T}}(t)Q^{\mathrm{T}}(t)\Delta A(t)x(t)$$

$$\leqslant \varepsilon_7 e^{\mathrm{T}}(t)Q^{\mathrm{T}}(t)Q(t)e(t) + \varepsilon_7^{-1} x^{\mathrm{T}}(t)\Delta A^{\mathrm{T}}(t)\Delta A(t)x(t)$$

$$\leqslant \varepsilon_7 e^{\mathrm{T}}(t)Q^{\mathrm{T}}(t)Q(t)e(t) + \varepsilon_7^{-1} x^{\mathrm{T}}(t)\Sigma(\bar{A})x(t) \tag{11.3.19}$$

$$x^{\mathrm{T}}(t)K^{\mathrm{T}}(t)L_s \Delta B^{\mathrm{T}}(t)Q(t)e(t) + e^{\mathrm{T}}(t)Q^{\mathrm{T}}(t)\Delta B(t)L_s K(t)x(t)$$

$$\leqslant \varepsilon_8 x^{\mathrm{T}}(t)K^{\mathrm{T}}(t)K(t)x(t) + \varepsilon_8^{-1} e^{\mathrm{T}}(t)Q^{\mathrm{T}}(t)\Delta B(t)L_s L_s \Delta B^{\mathrm{T}}(t)Q(t)e(t)$$

$$\leqslant \varepsilon_8 x^{\mathrm{T}}(t)K^{\mathrm{T}}(t)K(t)x(t) + \varepsilon_8^{-1} e^{\mathrm{T}}(t)Q^{\mathrm{T}}(t)\Pi(\bar{B})Q(t)e(t) \tag{11.3.20}$$

将式 (11.3.13)~(11.3.20) 代入式 (11.3.12), 得到

$$\dot{V}(t) \leqslant x^{\mathrm{T}}(t)\{E^{\mathrm{T}}\dot{P}(t) + A^{\mathrm{T}}(t)P(t) + P^{\mathrm{T}}(t)A(t) + \varepsilon_1 P^{\mathrm{T}}(t)P(t) + (\varepsilon_1^{-1} + \varepsilon_7^{-1})\Sigma(\bar{A})$$

$$+ (\varepsilon_2 + \varepsilon_3 + \varepsilon_8)K^{\mathrm{T}}(t)K(t) + (\varepsilon_2^{-1} + \varepsilon_5^{-1})P^{\mathrm{T}}(t)B(t)B^{\mathrm{T}}(t)P(t)$$

$$+ (\varepsilon_3^{-1} + \varepsilon_4^{-1})P^{\mathrm{T}}(t)\Pi(\bar{B})P(t)\}x(t) + e^{\mathrm{T}}(t)\{E^{\mathrm{T}}\dot{Q}(t) + A^{\mathrm{T}}(t)Q(t)$$

$$+ Q^{\mathrm{T}}(t)A(t) - C^{\mathrm{T}}(t)M^{\mathrm{T}}(t)Q(t) - Q^{\mathrm{T}}(t)M(t)C(t) + (\varepsilon_4 + \varepsilon_5 + \varepsilon_6)K^{\mathrm{T}}(t)K(t)$$

$$+ (\varepsilon_6^{-1} + \varepsilon_8^{-1})Q^{\mathrm{T}}(t)\Pi(\bar{B})Q(t) + \varepsilon_7 Q^{\mathrm{T}}(t)Q(t)\}e(t)$$

$$= \dot{V}_a(t) + \dot{V}_b(t) \tag{11.3.21}$$

$$\dot{V}_a(t) = x^{\mathrm{T}}(t)\{E^{\mathrm{T}}\dot{P}(t) + A^{\mathrm{T}}(t)P(t) + P^{\mathrm{T}}A + \varepsilon_1 P^{\mathrm{T}}(t)P(t) + (\varepsilon_1^{-1} + \varepsilon_7^{-1})\Sigma(\bar{A})$$

$$+ (\varepsilon_2 + \varepsilon_3 + \varepsilon_8)K^{\mathrm{T}}(t)K(t) + (\varepsilon_2^{-1} + \varepsilon_5^{-1})P^{\mathrm{T}}(t)B(t)B^{\mathrm{T}}(t)P(t)$$

$$+ (\varepsilon_3^{-1} + \varepsilon_4^{-1})P^{\mathrm{T}}(t)\Pi(\bar{B})P(t)\}x(t) \tag{11.3.22}$$

为简便起见, 先讨论 $\dot{V}_a(t)$, 由 Schur 补定理知定理中的条件 (11.3.10) 等价于

$$X(t)E^{\mathrm{T}}\dot{X}^{-\mathrm{T}}(t)X^{\mathrm{T}}(t) + A(t)X^{\mathrm{T}}(t) + X(t)A^{\mathrm{T}}(t) + \varepsilon_1 I + (\varepsilon_2^{-1} + \varepsilon_5^{-1})B(t)B^{\mathrm{T}}(t)$$

$$+ \varepsilon_1^{-1}X(t)\Sigma(\bar{A}) + (\varepsilon_2 + \varepsilon_3 + \varepsilon_8)N_1^{\mathrm{T}}(t)N_1(t) + (\varepsilon_3^{-1} + \varepsilon_4^{-1})\Pi(\bar{B})$$

$$+ (\varepsilon_1^{-1} + \varepsilon_7^{-1})X(t)\Sigma(\bar{A})X^{\mathrm{T}}(t) < 0 \tag{11.3.23}$$

令 $P(t) = X^{-1}(t)$ 及 $K(t) = N_1(t)X^{-\mathrm{T}}$, 不等式 (11.3.23) 两边同时左乘 $P^{\mathrm{T}}(t)$, 右乘 $P(t)$, 得到

$$E^{\mathrm{T}}\dot{P}(t) + A^{\mathrm{T}}P + P^{\mathrm{T}}A + \varepsilon_1 P^{\mathrm{T}}(t)P(t) + (\varepsilon_1^{-1} + \varepsilon_7^{-1})\Sigma(\bar{A}) + (\varepsilon_2 + \varepsilon_3 + \varepsilon_8)K^{\mathrm{T}}(t)K(t)$$

$$+ (\varepsilon_2^{-1} + \varepsilon_5^{-1})P^{\mathrm{T}}(t)B(t)B^{\mathrm{T}}(t)P(t) + (\varepsilon_3^{-1} + \varepsilon_4^{-1})P^{\mathrm{T}}(t)\Pi(\bar{B})P(t) < 0$$

即 $\dot{V}_a(t) < 0$, 同理有 $\dot{V}_b(t) < 0$, 故 $\dot{V}(t) < 0$, 广义时变系统 (11.3.1) 鲁棒镇定得证.

## 11.4 数 值 算 例

在广义时变系统 (11.1.1) 中, 取

$$E = \begin{pmatrix} 1 & 0 \\ 0 & 0 \end{pmatrix}, \quad A(t) = \begin{pmatrix} -t & 0 \\ 0 & t \end{pmatrix}, \quad B(t) = \begin{pmatrix} -t \\ t \end{pmatrix}$$

$$M(t) = \begin{pmatrix} 0.1t \\ -0.5t \end{pmatrix}, \quad N_1(t) = \begin{pmatrix} -0.05t & 0.1t \end{pmatrix}, \quad N_2(t) = 0.1t$$

取 $\varepsilon_1 = \varepsilon_2 = \varepsilon_3 = 1$, 计算得

$$V(t) = \begin{pmatrix} \mathrm{e}^t & 0 \\ 0 & -t \end{pmatrix}$$

满足线性矩阵不等式 (11.2.2), 得到反馈增益

$$K(t) = \frac{1}{1 + 0.01t^2}\left(t\mathrm{e}^{-t}, 1\right)$$

使得闭环系统在一段时间内是鲁棒镇定的.

# 第 12 章　一般广义时变系统的时域有界控制

在控制理论中, 人们所关心的系统稳定性主要是 Lyapunov 稳定性. 然而 Lyapunov 稳定性刻画的一个系统的整体稳态性能, 但它并不能反映系统的暂态性能. 所谓暂态性能是指短时间内的系统稳定性, 绝非短时间内的 Lyapunov 稳定性. 在工程中, 一个整体稳定的系统, 很有可能暂态性能很坏, 在工程中会造成很坏的影响, 甚至根本无法应用. 因此, 相对于系统的整体稳态性能, 人们往往更关心的是系统的暂态性能.

时域有界是时域稳定的拓展概念, 时域稳定是时域有界的特殊形式, 它们相互联系, 又互不相同. 对于时域有界, 我们也有了一些初步的研究成果. Zhao, Sun, Liu (2008) 研究了带脉冲的线性时变系统的时域有界问题, Amato, Ariola, Cosentino (2006) 还给出了时域问题的动态补偿器的设计方法, 在 Amato, AriolaMand Dorato (2001) 中, 探讨了参数不确定带干扰的系统时域控制问题. 综上所述, 虽然学者们引进了时域稳定的定义, 并且给出了关于广义时变系统的时域稳定的一些充要条件, 但是对于广义时变系统, 尤其是 $E(t)$ 是时变的时域稳定问题还没有什么可利用的研究成果, 另外对于广义时变不确定系统时域稳定性的研究更是屈指可数.

本章的主要工作分为两部分, 首先是广义时变系统的时域控制问题, 对于函数矩阵 $E(t)$ 是时变的系统给出了时域稳定和时域有界的充分必要条件, 并通过状态反馈使不稳定的系统得到控制. 其次是广义时变不确定系统的时域控制问题, 给出了不确定系统时域有界状态反馈控制器的设计方法.

## 12.1　一般广义时变系统的时域稳定性

考虑如下广义时变系统

$$E(\mathrm{t})\dot{x}(t) = A(t)x(t) \tag{12.1.1}$$

式中: $x(t) \in \mathbf{R}^n$ 是状态变量: $A(t) \in \mathbf{R}^{n \times n}$ 是解析的函数矩阵: $E(t) \in \mathbf{R}^{n \times n}$ 是奇异矩阵, 并且有 $\mathrm{rank}E(\mathrm{t}) = q < n$.

**定义 12.1.1**　如果 $x^{\mathrm{T}}(0)E^{\mathrm{T}}(0)R(0)E(0) \leqslant c_1 \Rightarrow x^{\mathrm{T}}(t)E^{\mathrm{T}}(t)R(t)E(t) < c_2, \forall t \in [0, T]$, 其中 $0 < c_1 < c_2, T > 0, R(t)$ 是定义在 $[0, T]$ 上的矩阵函数, 则称广义时变系统 (12.1.1) 是关于 $(c_1, c_2, T, R)$ 时域稳定的.

**定理 12.1.1**　下列几个命题等价:

(1) 广义时变系统 (12.1.1) 是关于 $(c_1, c_2, T, R)$ 时域稳定的.

(2) 对于所有的 $t \in [0, T]$, 都有 $\Phi^{\mathrm{T}}(t, 0)E^{\mathrm{T}}(t)R(t)E(t)\Phi(t, 0) < \dfrac{C_2}{C_1}E^{\mathrm{T}}(0)R(0)$ $E(0)$, 这里 $\Phi(t, 0)$ 是状态转移矩阵.

(3) 对于所有的 $t \in [0, T]$, 都存在一个分段连续可微解 $P(\cdot)$, 使得下列 Lyapunov 函数不等式成立:

(i) $M(t) < 0$, 其中:

$$
\begin{aligned}
M(t) =\,& A^{\mathrm{T}}(t)P(t)E(t) + E^{\mathrm{T}}(t)P(t)A(t) + \dot{E}^{\mathrm{T}}(t)P(t)E(t) \\
& + E^{\mathrm{T}}(t)\dot{P}(t)E(t) + E^{\mathrm{T}}(t)P(t)\dot{E}(t)
\end{aligned}
$$

(ii) $R(t) \leqslant P(t) \leqslant P(0) < \dfrac{c_2}{c_1}R(0)$.

**证明** $(2) \Rightarrow (1)$: 令 $x^{\mathrm{T}}(0)E^{\mathrm{T}}(0)R(0)E(0)x(0) \leqslant c_1$, 则

$$
\begin{aligned}
x^{\mathrm{T}}(t)E^{\mathrm{T}}(t)R(t)E(t)x(t) &= x^{\mathrm{T}}(0)\Phi^{\mathrm{T}}(t, 0)E^{\mathrm{T}}(t)R(t)E(t)\Phi(t, 0)x(0) \\
&< \frac{c_2}{c_1}x^{\mathrm{T}}(0)E^{\mathrm{T}}(0)R(0)E(0)x(0) < c_2.
\end{aligned}
$$

因此, 广义时变系统 (12.1.1) 是时域稳定的.

$(1) \Rightarrow (2)$: 假设 $\exists \bar{t}, \bar{x}$, 使得

$$
\bar{x}^{\mathrm{T}}(\bar{t})\Phi^{\mathrm{T}}(\bar{t}, 0)E^{\mathrm{T}}(\bar{t})R(\bar{t})E(\bar{t})\Phi(\bar{t}, 0)\bar{x}(\bar{t}) \geqslant \frac{c_2}{c_1}\bar{x}^{\mathrm{T}}(0)E^{\mathrm{T}}(0)R(0)E(0)\bar{x}(0) \quad (12.1.2)
$$

令 $x^{\mathrm{T}}(0)E^{\mathrm{T}}(0)R(0)E(0)x(0) = c_1$, $\exists \lambda$, 使 $\bar{x}(0) = \lambda x(0)$, 则由式 (12.1.2) 可得: $x^{\mathrm{T}}(0)$ $\Phi^{\mathrm{T}}(\bar{t}, 0)E^{\mathrm{T}}(\bar{t})R(\bar{t})E(\bar{t})\Phi(\bar{t}, 0)x(0) \geqslant c_2$, 因此, $x^{\mathrm{T}}(\bar{t})E^{\mathrm{T}}(\bar{t})R(\bar{t})E(\bar{t})x(\bar{t}) = x^{\mathrm{T}}(0)\Phi^{\mathrm{T}}$ $(\bar{t}, 0)E^{\mathrm{T}}(\bar{t})R(\bar{t})E(\bar{t})\Phi(\bar{t}, 0)x(0) \geqslant c_2$, 所以假设不成立, 得出广义时变系统 (12.1.1) 是时域稳定的.

$(3) \Rightarrow (1)$: 取 $V(t, x) = x^{\mathrm{T}}(t)P(t)x(t)$. 则由条件 (i) 可得 $\dot{V}(t, x) < 0$, 说明 $V(t, x)$ 是单调递减的, 令 $x^{\mathrm{T}}(0)E^{\mathrm{T}}(0)R(0)E(0)x(0) \leqslant c_1$, 则对于任意 $t$, 都有

$$
\begin{aligned}
x^{\mathrm{T}}(t)E^{\mathrm{T}}(t)R(t)E(t)x(t) &\leqslant x^{\mathrm{T}}(t)E^{\mathrm{T}}(t)P(t)E(t)x(t) < x^{\mathrm{T}}(0)E^{\mathrm{T}}(0)P(0)E(0)x(0) \\
&\leqslant \frac{c_2}{c_1}x^{\mathrm{T}}(0)E^{\mathrm{T}}(0)R(0)E(0)x(0) \leqslant c_2.
\end{aligned}
$$

$(1) \Rightarrow (3)$: 因为系统 (12.1.1) 时域稳定的, 则 $\exists z = \varepsilon x$, $\varepsilon$ 足够小, 对于所有的 $t \in [0, T]$, 都有

$$
x^{\mathrm{T}}(0)E^{\mathrm{T}}(0)R(0)E(0)x(0) \leqslant c_1 \Rightarrow x^{\mathrm{T}}(t)E^{\mathrm{T}}(t)R(t)E(t)x(t) + \|z\|_2^2 < c_2 \quad (12.1.3)
$$

且 $p(\cdot)$ 是下列 Lyapunov 函数不等式的解,

$$
M(t) = -\varepsilon^2 I, \quad (12.1.4)
$$

$$R(t) = P(t). \tag{12.1.5}$$

假设 $\exists \bar{t}$, 使得

$$\bar{x}^{\mathrm{T}}(t)E^{\mathrm{T}}(t)P(0)E(t)\bar{x}(t) \geqslant \frac{c_2}{c_1}\bar{x}^{\mathrm{T}}(t)E^{\mathrm{T}}(t)R(0)E(t)\bar{x}(t). \tag{12.1.6}$$

令 $x^{\mathrm{T}}(0)E^{\mathrm{T}}(0)R(0)E(0)x(0) = c_1$, $\exists \lambda$, 使 $\bar{x}(t) = \lambda x(0)$, 由式 (12.1.6) 可推出: $x^{\mathrm{T}}(0)E^{\mathrm{T}}(0)R(0)E(0)x(0) \geqslant c_2$, 根据式 (12.1.4), 可得

$$\frac{\mathrm{d}}{\mathrm{d}t}x^{\mathrm{T}}(t)E^{\mathrm{T}}(t)P(t)E(t)x(t) = -\varepsilon^2 x^{\mathrm{T}}(t)x(t). \tag{12.1.7}$$

然后两边从 0 到 $t$ 积分, 可得

$$x^{\mathrm{T}}(t)E^{\mathrm{T}}(t)P(t)E(t)x(t) - x^{\mathrm{T}}(0)E^{\mathrm{T}}(0)P(0)E(0)x(0) = \varepsilon^2 \|x\|_2^2.$$

因此,

$$\begin{aligned}
x^{\mathrm{T}}(t)E^{\mathrm{T}}(t)R(t)E(t)x(t) &\geqslant x^{\mathrm{T}}(t)E^{\mathrm{T}}(t)P(t)E(t)x(t) \\
&= x^{\mathrm{T}}(0)E^{\mathrm{T}}(0)P(0)E(0)x(0) - \varepsilon^2 \|x\|_2^2 \\
&\geqslant c_2 - \|z\|_2^2.
\end{aligned}$$

所以假设不成立. □

## 12.2　一般广义时变系统时域有界

考虑如下广义时变系统

$$E(t)\dot{x}(t) = A(t)x(t) + G(t)\omega(t), \tag{12.2.1}$$

式中 $x(t) \in \mathbf{R}^n$ 是状态变量: $\omega(t) \in \mathbf{R}^l$ 是外部输入: $A(t) \in \mathbf{R}^{n \times n}, G(t) \in \mathbf{R}^{n \times l}$ 是解析的函数矩阵, $E(t) \in \mathbf{R}^{n \times n}$ 是奇异矩阵, 并且有 $\mathrm{rank}E(t) = q < n$.

外部干扰 $\omega(t)$ 是时变的, 满足:

$$\int_0^{\mathrm{T}} \omega^{\mathrm{T}}(t)\omega(t)\mathrm{d}t \leqslant d, \quad d \geqslant 0. \tag{12.2.2}$$

**定义 12.2.1**　如果对于 $\forall t \in [0, T]$, $x^{\mathrm{T}}(0)E^{\mathrm{T}}(0)R(0)E(0) \leqslant c_1 \Rightarrow x^{\mathrm{T}}(t)E^{\mathrm{T}}(t)$ $R(t)E(t) < c_2$, 其中 $0 < c_1 < c_2, T > 0, R(t)$ 是定义在 $[0, T]$ 上的矩阵函数, 外部干扰 $\omega(t)$ 满足式 (12.2.2), 则称广义时变系统 (12.2.1) 是关于 $(c_1, c_2, T, R, d)$ 时域有界的.

**定理 12.2.1** 如果对于广义时变系统 (12.2.1) 都存在两个分段连续的可逆矩阵 $P(t) \in \mathbf{R}^{n \times n}, Q \in \mathbf{R}^{l \times l}$, 使得下列 LMI 成立:

$$\begin{pmatrix} M(t) & E^{\mathrm{T}}(t)P(t)G(t) \\ G^{\mathrm{T}}(t)P^{\mathrm{T}}(t)E(t) & Q \end{pmatrix} < 0 \qquad (12.2.3a)$$

$$R(t) \leqslant P(t) \leqslant P(0) < R(0) \qquad (12.2.3b)$$

$$c_1 + d\lambda_{\max}(Q) < c_2 \qquad (12.2.3c)$$

则称广义时变系统 (12.2.1) 是时域有界的. 其中, $\lambda_{\max}(Q)$ 是 $Q$ 的最大特征值,

$$\begin{aligned} M(t) =& A^{\mathrm{T}}(t)P(t)E(t) + E^{\mathrm{T}}(t)P(t)A(t) + \dot{E}^{\mathrm{T}}(t)P(t)E(t) \\ &+ E^{\mathrm{T}}(t)\dot{P}(t)E(t) + E^{\mathrm{T}}(t)P(t)\dot{E}(t) \end{aligned}$$

**证明** 取 $V(t,x) = x^{\mathrm{T}}(t)E^{\mathrm{T}}(t)P(t)E(t)x(t)$(为了方便起见, 下列省略时间 $t$).
可得

$$\begin{aligned} \dot{V}(t,x) &= x^{\mathrm{T}}Mx + \omega^{\mathrm{T}}G^{\mathrm{T}}P^{\mathrm{T}}Ex + x^{\mathrm{T}}E^{\mathrm{T}}PG\omega \\ &= (x^{\mathrm{T}}, \omega^{\mathrm{T}})\begin{pmatrix} M & E^{\mathrm{T}}PG \\ G^{\mathrm{T}}P^{\mathrm{T}}E & Q \end{pmatrix}\begin{pmatrix} x \\ \omega \end{pmatrix} - \omega^{\mathrm{T}}Q\omega \\ &< 0 \end{aligned}$$

$$\dot{V}(t,x) < \omega^{\mathrm{T}}Q\omega$$

然后两边从 0 到 $t$ 积分, 可得: $V(t,x) < V_{(0)} + d\lambda_{\max}(Q)$. 由式 (12.2.3b) 可得

$$\begin{aligned} x^{\mathrm{T}}E^{\mathrm{T}}REx \leqslant V &< V_{(0)} + d\lambda_{\max}(Q) \\ &< x_{(0)}^{\mathrm{T}}E^{\mathrm{T}}R_{(0)}Ex_{(0)} + d\lambda_{\max}(Q) \\ &< c_1 + d\lambda_{\max}(Q) \\ &< c_2 \end{aligned}$$

因此, 广义时变系统 (12.2.1) 是时域有界的.

## 12.3 一般广义时变系统时域有界控制

考虑如下广义时变系统

$$E(t)\dot{x}(t) = A(t)x(t) + B(t)u(t) + G(t)\omega(t) \qquad (12.3.1)$$

式中 $x(t) \in \mathbf{R}^n$ 是状态变量: $u(t) \in \mathbf{R}^m$ 是控制输入: $\omega(t) \in \mathbf{R}^l$ 是外部输入: $A(t) \in \mathbf{R}^{n \times n}, B(t) \in \mathbf{R}^{n \times m}, G(t) \in \mathbf{R}^{n \times l}$ 是解析的函数矩阵: $E(t) \in \mathbf{R}^{n \times n}$ 是奇异矩阵, 并且有 $\mathrm{rank}E(t) = q < n$.

对于上述系统, 找到一个状态反馈控制律

$$u(t) = K(t)x(t) \tag{12.3.2}$$

使得闭环系统:

$$E(t)\dot{x}(t) = A_c(t)x(t) + G(t)\omega(t) \tag{12.3.3}$$

时域有界, 这里 $A_c(t) = (A(t) + B(t)K(t))$.

**定理 12.3.1**　如果广义时变系统 (12.3.1) 对于 $\forall t \in [0, T]$, 都存在一个可逆的、分段连续的对称矩阵函数 $P(t) \in \mathbf{R}^{n \times n}$ 和一个可逆的 $Q \in \mathbf{R}^{l \times l}$, 使得不等式 (12.2.3b), (12.2.3c) 和下列 LMI 成立:

$$\begin{pmatrix} M(t) & E^{\mathrm{T}}(t)P(t)G(t) \\ G^{\mathrm{T}}(t)P^{\mathrm{T}}(t)E(t) & -Q^{\mathrm{T}} \end{pmatrix} < 0 \tag{12.3.4}$$

则称系统 (12.3.1) 是时域有界的, 且状态反馈控制律为

$$K(t) = B^{-1}(t)G(t)Q^{-1}G^{\mathrm{T}}(t)P^{\mathrm{T}}(t)E(t) \tag{12.3.5}$$

其中, $\lambda_{\max}(Q)$ 是 $Q$ 的最大特征值,

$$M(t) = A^{\mathrm{T}}(t)P(t)E(t) + E^{\mathrm{T}}(t)P(t)A(t) + \dot{E}^{\mathrm{T}}(t)P(t)E(t)$$
$$+ E^{\mathrm{T}}(t)\dot{P}(t)E(t) + E^{\mathrm{T}}(t)P(t)\dot{E}(t)$$

**证明**　从由定理 12.2.1 可得系统 (12.3.1) 时域有界是 (12.2.3b), (12.2.3c) 和下列 LMI 成立

$$\begin{pmatrix} \bar{M}(t) & E^{\mathrm{T}}(t)P(t)G(t) \\ G^{\mathrm{T}}(t)P^{\mathrm{T}}(t)E(t) & Q \end{pmatrix} < 0 \tag{12.3.6}$$

其中

$$\bar{M}(t) = (A(t) + B(t)K(t))^{\mathrm{T}}P(t)E(t) + E^{\mathrm{T}}(t)P(t)(A(t) + B(t)K(t))$$
$$+ \dot{E}^{\mathrm{T}}(t)P(t)E(t) + E^{\mathrm{T}}(t)\dot{P}(t)E(t) + E^{\mathrm{T}}(t)P(t)\dot{E}(t)$$

由 Schur 补定理, 容易得出不等式 (12.3.6) 等价于不等式:

$$\bar{M}(t) - E^{\mathrm{T}}(t)P(t)G(t)Q^{-1}G^{\mathrm{T}}(t)P^{\mathrm{T}}(t)E(t) < 0 \tag{12.3.7}$$

将式 (12.3.5) 代入式 (12.3.7), 很容易可以得出下列不等式:

$$M(t) + E^{\mathrm{T}}(t)P(t)G(t)Q^{-\mathrm{T}}G^{\mathrm{T}}(t)P(t)E(t) < 0$$

因为 $P(t)$ 是对称的, 故上式等价于:

$$M(t) + E^{\mathrm{T}}(t)P(t)G(t)Q^{-\mathrm{T}}G^{\mathrm{T}}(t)P^{\mathrm{T}}(t)E(t) < 0 \qquad (12.3.8)$$

由 Schur 补定理可得式 (12.3.8) 等价于式 (12.3.4). $\hspace{2em}\square$

## 12.4 一般广义时变不确定系统时域有界控制

考虑如下广义时变不确定系统

$$E(t)\dot{x}(t) = (A(t) + \Delta A(t))x(t) + (B(t) + \Delta B(t))u(t) + G(t)\omega(t) \qquad (12.4.1)$$

式中 $x(t) \in \mathbf{R}^n$ 是状态变量; $u(t) \in \mathbf{R}^m$ 是控制输入; $\omega(t) \in \mathbf{R}^l$ 是外部输入; $A(t) \in \mathbf{R}^{n \times n}, B(t) \in \mathbf{R}^{n \times m}, G(t) \in \mathbf{R}^{n \times l}$ 是解析的函数矩阵; $E(t) \in \mathbf{R}^{n \times n}$ 是奇异矩阵, 并且有 $\mathrm{rank}E(t) = q < n$.

$$\left( \begin{array}{cc} \Delta A(t) & \Delta B(t) \end{array} \right) = HF \left( \begin{array}{cc} E_1(t) & E_2(t) \end{array} \right)$$

其中 $F \in \mathbf{R}^{q \times s}$ 满足 $F^{\mathrm{T}}F \leqslant I$.

**定理 12.4.1** 如果广义时变不确定系统 (12.4.1) 对于 $\forall t \in (0, T]$, 都存在一个可逆的, 分段连续的对称矩阵函数 $P(t) \in \mathbf{R}^{n \times n}$ 和一个可逆的 $Q \in \mathbf{R}^{l \times l}$, 使得不等式 (12.2.3b), 式 (12.2.3c) 和式 (12.3.6) 成立, 则称系统 (12.4.1) 是时域有界的, 且状态反馈控制律为

$$K(t) = (B(t) + HFE_2)^{-1}(G(t)Q^{-1}G^{\mathrm{T}}(t)P^{\mathrm{T}}(t)E(t) - HFE_1) \qquad (12.4.2)$$

**证明** 由定理 12.2.1 可得系统 (12.4.1) 时域有界使式 (12.2.3b), 式 (12.2.3c) 和下列 LMI 成立.

$$\left( \begin{array}{cc} \bar{M}(t) & E^{\mathrm{T}}(t)P(t)G(t) \\ G^{\mathrm{T}}(t)P^{\mathrm{T}}(t)E(t) & Q \end{array} \right) < 0 \qquad (12.4.3)$$

其中

$$\bar{M} = [A + \Delta A + (B + \Delta B)K(t)]^{\mathrm{T}}P(t)E(t) + E^{\mathrm{T}}(t)P(t)[A(t) + \Delta A + (B + \Delta B)K(t)] + \dot{E}^{\mathrm{T}}(t)P(t)E(t) + E^{\mathrm{T}}(t)\dot{P}(t)E(t) + E^{\mathrm{T}}(t)P(t)\dot{E}(t)$$

由 Schur 补定理, 容易得出不等式 (12.4.3) 等价于不等式

$$\bar{M}(t) - E^{\mathrm{T}}(t)P(t)G(t)Q^{-1}G^{\mathrm{T}}(t)P^{\mathrm{T}}(t)E(t) < 0 \tag{12.4.4}$$

将式 (12.4.2) 代入式 (12.4.4), 且 $P(t)$ 是对称的, 则很容易得出下面不等式:

$$M(t) + E^{\mathrm{T}}(t)P(t)G(t)Q^{-\mathrm{T}}G^{\mathrm{T}}(t)P^{\mathrm{T}}(t)E(t) < 0 \tag{12.4.5}$$

由 Schur 补定理可得式 (12.4.5) 等价于式 (12.3.4), 则定理 12.4.1 得证.

## 12.5　数 值 算 例

对于广义时变系统 (12.4.5), $0 < t \leqslant 1$, 取

$$E = \begin{pmatrix} t & 0 \\ 0 & 0 \end{pmatrix}, \quad A = \begin{pmatrix} t & 0 \\ 0 & -1 \end{pmatrix}, \quad B = \begin{pmatrix} 1 & 0 \\ 0 & t \end{pmatrix}, \quad G = \begin{pmatrix} 1 \\ -t \end{pmatrix}$$

令 $R(t) = P(t), Q = t, T = 1$, 和 $c_1 = d = 1, t \in [0,1]$, 令 $\omega(t) = \mathrm{e}^{-t} \in L_2$. 存在 $P(t) = \begin{pmatrix} -t & 0 \\ 0 & t \end{pmatrix}$, 使得 $M = \begin{pmatrix} -2t^3 - 3t^2 & 0 \\ 0 & 0 \end{pmatrix}, E^{\mathrm{T}}PG = \begin{pmatrix} -t^2 \\ 0 \end{pmatrix}, G^{\mathrm{T}}P^{\mathrm{T}}E = (-t^2, 0)$, 可得式 (12.3.2), 式 (12.2.3b), 式 (12.2.3c) 成立, 推出广义时变系统 (12.3.6) 时域有界, 且状态反馈律 $K(t) = B^{-1}(t)G(t)Q^{-1}G^{\mathrm{T}}(t)P^{\mathrm{T}}(t)E(t) = \begin{pmatrix} -t & 0 \\ 1 & 0 \end{pmatrix}$.

# 第13章 广义时变系统的容许性和二次容许性

广义系统理论已发展成为现代控制理论的一个独立研究领域. 但这些研究成果还主要集中在广义定常系统和广义周期时变系统上, 对于广义时变系统的研究成果还很少, 这主要是因为广义时变系统较之广义周期系统更具复杂性, 主要区别体现在广义周期系统系数矩阵为周期函数矩阵; 而广义时变系统的系数矩阵变为非周期时变矩阵, 这给研究带来很大不便, 因此获得的研究成果也就很少. 苏晓明和张庆灵通过建立 Lyapunov 方程和 Riccati 方程研究了时变广义系统的稳定性问题. 张雪峰等研究了时变广义系统的能控性和能观性问题.

然而, 迄今为止, 尚未发现关于一般广义时变系统容许性和二次容许性的研究成果. 本文针对一般广义时变系统容许性和二次容许性问题进行研究, 首次提出了一般广义时变系统容许性和二次容许性的概念, 并利用线性矩阵不等式和广义 Lyapunov 不等式的分析方法, 得到了该类系统容许和二次容许的充要条件.

## 13.1 问题描述及引理

给定一般广义时变系统

$$E(t)\dot{x}(t) = A(t)x(t) + B(t)u(t)$$
$$y(t) = C(t)x(t) \tag{13.1.1}$$

这里, $x(t) \in \mathbf{R}^n$ 为系统状态变量, $u(t) \in \mathbf{R}^m$ 为系统控制输入, $E(t) \in \mathbf{R}^{n \times n}$, $A(t) \in \mathbf{R}^{n \times n}$, $B(t) \in \mathbf{R}^{n \times m}$, $C(t) \in \mathbf{R}^{n \times n}$ 为解析的函数矩阵; $\mathrm{rank}(E(t)) = q < n$.

**定义 13.1.1** 对于系统 (13.1.1), 如果存在常数 $s$, 使得

$$\det(sE(t) - A(t)) \neq 0, \quad \forall t$$

则称系统 (13.1.1) 是一致正则的.

**引理 13.1.1** 线性时变系统

$$\dot{x}(t) = A(t)x(t) + B(t)u(t)$$

是渐近稳定的充分必要条件为对于给定的矩阵 $Q(t) > 0$, Lyapunov 方程

$$\dot{P}(t) + P(t)A(t) + A^{\mathrm{T}}(t)P(t) = -Q(t)$$

有唯一的正定解.

**引理 13.1.2**　若系统 (13.1.1) 是解析可解的, 则一定存在解析的可逆矩阵 $P(t) \in \mathbf{R}^{n \times n}$, $Q(t) \in \mathbf{R}^{n \times n}$, 通过下述变换将系统 (13.3.1) 化为规范标准形 (SCF), 即

$$P(t)E(t)Q(t) = \begin{pmatrix} I & 0 \\ 0 & N(t) \end{pmatrix}, \quad P(t)A(t)Q(t) = \begin{pmatrix} A_1(t) & 0 \\ 0 & I \end{pmatrix}, \quad P(t)B(t) = \begin{pmatrix} B_1(t) \\ B_2(t) \end{pmatrix}$$

$$C(t)Q(t) = \begin{pmatrix} C_1(t) & C_2(t) \end{pmatrix}, \quad Q^{-1}(t)x(t) = \begin{pmatrix} x_1(t) \\ x_2(t) \end{pmatrix}$$

$$y_1(t) = C_1(t)x_1(t), \quad y_2(t) = C_2(t)x_2(t)$$

这里, $N(t)$ 为幂零矩阵, 各块均具有适当阶数.

由引理 13.1.2 可以得出, 系统 (13.1.1) 无脉冲的充分必要条件是 $N(t) = 0$.

**引理 13.1.3**　给定一个对称矩阵 $\Omega$, 设 $M_1$ 和 $M_2$ 是适当维数的矩阵, 则对于任意

$$\Omega + M_1 F(t)M_2 + M_2^{\mathrm{T}} F^{\mathrm{T}}(t)M_1^{\mathrm{T}} < 0, \quad F^{\mathrm{T}}(t)F(t) \leqslant I$$

的充分必要条件是存在常数 $\varepsilon > 0$, 使得

$$\Omega + \varepsilon M_1 M_1^{\mathrm{T}} + \frac{1}{\varepsilon} M_2^{\mathrm{T}} M_2 < 0$$

**定义 13.1.2**　系统 (13.1.1) 称为渐近稳定的, 如果它的子系统

$$\dot{x}_1(t) = A_1(t)x_1(t) + B_1(t)u(t)$$

是渐近稳定的.

## 13.2　系统的容许性

**定义 13.2.1**　如果系统 (13.1.1) 是一致正则、渐近稳定、无脉冲的, 则称系统 (13.1.1) 是容许的.

**定理 13.2.1**　假设一般广义时变系统 (13.1.1) 是解析可解的, 则系统 (13.1.1) 容许的充分必要条件是 Lyapunov 不等式

$$\begin{cases} A^{\mathrm{T}}(t)V(t) + V^{\mathrm{T}}(t)A(t) + E^{\mathrm{T}}(t)\dot{V}(t) + \dot{E}^{\mathrm{T}}(t)V(t) < 0 \\ E^{\mathrm{T}}(t)V(t) = V^{\mathrm{T}}(t)E(t) \geqslant 0 \\ \dot{E}^{\mathrm{T}}(t)V(t) \geqslant 0 \end{cases} \tag{13.2.1}$$

有解.

**证明　必要性**　由于系统 (13.1.1) 是解析可解的, 并且系统 (13.1.1) 是容许的, 因此一定存在可逆矩阵 $P(t)$ 和 $Q(t)$ 满足

$$P(t)E(t)Q(t) = \begin{pmatrix} I & 0 \\ 0 & 0 \end{pmatrix}, \quad P(t)A(t)Q(t) = \begin{pmatrix} A_1(t) & 0 \\ 0 & I \end{pmatrix}$$

构造 Lyapunov 函数

$$V(t) = V(E(t)x(t)) = x^{\mathrm{T}}(t)E^{\mathrm{T}}(t)V(t)x(t) \geqslant 0$$

$$E^{\mathrm{T}}(t)V(t) = V^{\mathrm{T}}(t)E(t) \geqslant 0, \quad \dot{E}^{\mathrm{T}}(t)V(t) \geqslant 0$$

$$\dot{V}(t) = x^{\mathrm{T}}(t)(A^{\mathrm{T}}(t)V(t) + V^{\mathrm{T}}(t)A(t) + E^{\mathrm{T}}(t)\dot{V}(t) + \dot{E}^{\mathrm{T}}(t)V(t))x(t) < 0$$

则

$$A^{\mathrm{T}}(t)V(t) + V^{\mathrm{T}}(t)A(t) + E^{\mathrm{T}}(t)\dot{V}(t) + \dot{E}^{\mathrm{T}}(t)V(t) < 0$$

$$E^{\mathrm{T}}(t)V(t) = V^{\mathrm{T}}(t)E(t) \geqslant 0, \dot{E}^{\mathrm{T}}(t)V(t) \geqslant 0$$

$$\begin{aligned} Q^{\mathrm{T}}(t)E^{\mathrm{T}}(t)P^{\mathrm{T}}(t)P^{-\mathrm{T}}(t)V(t)Q(t) &= \begin{pmatrix} I & 0 \\ 0 & 0 \end{pmatrix}\begin{pmatrix} V_1(t) & V_2(t) \\ V_3(t) & V_4(t) \end{pmatrix} \\ &= \begin{pmatrix} V_1^{\mathrm{T}}(t) & V_3^{\mathrm{T}}(t) \\ V_2^{\mathrm{T}}(t) & V_4^{\mathrm{T}}(t) \end{pmatrix}\begin{pmatrix} I & 0 \\ 0 & 0 \end{pmatrix} \geqslant 0 \end{aligned}$$

可得

$$V_1(t) = V_1^{\mathrm{T}}(t) \geqslant 0, \quad V_2(t) = 0$$

令

$$A^{\mathrm{T}}(t)V(t) + V^{\mathrm{T}}(t)A(t) + E^{\mathrm{T}}(t)\dot{V}(t) + \dot{E}^{\mathrm{T}}(t)V(t) = -W(t), \quad W(t) > 0$$

设

$$P(t)\dot{E}(t)Q(t) = \begin{pmatrix} \dot{E}_1(t) & \dot{E}_2(t) \\ \dot{E}_3(t) & \dot{E}_4(t) \end{pmatrix}$$

则

$$Q(t)^{\mathrm{T}}\dot{E}^{\mathrm{T}}(t)P(t)^{\mathrm{T}}P(t)^{-\mathrm{T}}V(t)Q(t) = \begin{pmatrix} \dot{E}_1^{\mathrm{T}}(t) & \dot{E}_3^{\mathrm{T}}(t) \\ \dot{E}_2^{\mathrm{T}}(t) & \dot{E}_4^{\mathrm{T}}(t) \end{pmatrix}\begin{pmatrix} V_1(t) & 0 \\ V_3(t) & V_4(t) \end{pmatrix}$$

$$= \begin{pmatrix} \dot{E}_1^{\mathrm{T}}(t)V_1(t) + \dot{E}_3^{\mathrm{T}}(t)V_3(t) & \dot{E}_3^{\mathrm{T}}(t)V_4(t) \\ \dot{E}_2^{\mathrm{T}}(t)V_1(t) + \dot{E}_4^{\mathrm{T}}(t)V_3(t) & \dot{E}_4^{\mathrm{T}}(t)V_4(t) \end{pmatrix} = \begin{pmatrix} M_1(t) & M_2(t) \\ M_3(t) & M_4(t) \end{pmatrix} \geqslant 0$$

则

$$M_1(t) \geqslant 0, \quad M_4(t) \geqslant 0$$

对 $W(t)$ 作如下分块:

$$W(t) = \begin{pmatrix} W_1(t) & W_2(t) \\ W_2^{\mathrm{T}}(t) & W_3(t) \end{pmatrix}$$

则

$$\begin{pmatrix} A_1^{\mathrm{T}}(t) & 0 \\ 0 & I \end{pmatrix} \begin{pmatrix} V_1(t) & 0 \\ V_3(t) & V_4(t) \end{pmatrix} + \begin{pmatrix} V_1^{\mathrm{T}}(t) & V_3^{\mathrm{T}}(t) \\ 0 & V_4^{\mathrm{T}}(t) \end{pmatrix} \begin{pmatrix} A_1(t) & 0 \\ 0 & I \end{pmatrix}$$
$$+ \begin{pmatrix} I & 0 \\ 0 & 0 \end{pmatrix} \begin{pmatrix} \dot{V}_1(t) & 0 \\ \dot{V}_3(t) & \dot{V}_4(t) \end{pmatrix} + \begin{pmatrix} M_1(t) & M_2(t) \\ M_3(t) & M_4(t) \end{pmatrix} = - \begin{pmatrix} W(t)_1 & W_2(t) \\ W_2^{\mathrm{T}}(t) & W_3(t) \end{pmatrix}$$

$$V_1^{\mathrm{T}}(t)A_1(t) + A_1^{\mathrm{T}}(t)V_1(t) + \dot{V}_1(t) = -W_1(t) - M_1(t) \tag{13.2.2}$$

$$V_3^{\mathrm{T}}(t) + M_2(t) = -W_2(t) \tag{13.2.3}$$

$$V_3(t) + M_3(t) = -W_2^{\mathrm{T}}(t) \tag{13.2.4}$$

$$V_4(t) + V_4^{\mathrm{T}}(t) + M_4(t) = -W_3(t) \tag{13.2.5}$$

由于系统 (13.1.1) 渐近稳定, 因此 $A_1(t)$ 渐近稳定, 又由于

$$V_1^{\mathrm{T}}(t)A_1(t) + A_1^{\mathrm{T}}(t)V_1(t) + \dot{V}_1(t) = -W_1(t) - M_1(t)$$

有解, 又由于式 (13.2.3)~ 式 (13.2.5) 成立, 则

$$A^{\mathrm{T}}(t)V(t) + V^{\mathrm{T}}(t)A(t) + E^{\mathrm{T}}(t)\dot{V}(t) + \dot{E}^{\mathrm{T}}(t)V(t) = -W(t)$$

有解, 且满足

$$E^{\mathrm{T}}(t)V(t) = V^{\mathrm{T}}(t)E(t) \geqslant 0, \quad \dot{E}^{\mathrm{T}}(t)V(t) \geqslant 0$$

因此广义 Lyapunov 不等式 (13.2.1) 有解.

**充分性**　由于系统 (13.1.1) 是解析可解的, 所以系数矩阵 $E(t)$, $A(t)$ 可化为引理 13.1.2 中的形式; 设 $N(t)$ 的幂零指数为 $h$, 即

$$N^{h-1}(t) \neq 0, \quad N^h(t) = 0$$

对 $V(t)$ 进行如下分块

$$V(t) = \begin{pmatrix} V_1(t) & V_2(t) \\ V_3(t) & V_4(t) \end{pmatrix}$$

将系统 (13.1.1) 的分解式和 $V(t)$ 分块代入广义 Lyapunov 不等式 (13.2.1) 可得

$$\begin{pmatrix} A_1^{\mathrm{T}}(t) & 0 \\ 0 & I \end{pmatrix} \begin{pmatrix} V_1(t) & V_2(t) \\ V_3(t) & V_4(t) \end{pmatrix} + \begin{pmatrix} V_1^{\mathrm{T}}(t) & V_3^{\mathrm{T}}(t) \\ V_2^{\mathrm{T}}(t) & V_4^{\mathrm{T}}(t) \end{pmatrix} \begin{pmatrix} A_1(t) & 0 \\ 0 & I \end{pmatrix}$$

$$+ \begin{pmatrix} I & 0 \\ 0 & N^{\mathrm{T}}(t) \end{pmatrix} + \begin{pmatrix} \dot{V}_1(t) & \dot{V}_2(t) \\ \dot{V}_3(t) & \dot{V}_4(t) \end{pmatrix} + \begin{pmatrix} M_1(t) & M_2(t) \\ M_3(t) & M_4(t) \end{pmatrix} < 0$$

则

$$A_1^{\mathrm{T}}(t)V_1(t) + V_1^{\mathrm{T}}(t)A_1(t) + \dot{V}_1(t) + M_1(t) < 0$$
$$V_4(t) + V_4^{\mathrm{T}}(t) + N^{\mathrm{T}}(t)\dot{V}_4(t) + M_4(t) < 0$$

所以

$$A_1^{\mathrm{T}}(t)V_1(t) + V_1^{\mathrm{T}}(t)A_1(t) + \dot{V}_1(t) < 0 \tag{13.2.6}$$
$$V_4(t) + V_4^{\mathrm{T}}(t) + N^{\mathrm{T}}(t)\dot{V}_4(t) < 0 \tag{13.2.7}$$

由式 (13.2.6) 知, 系统 (13.1.1) 渐近稳定.

下面证明系统 (13.1.1) 是无脉冲的.

假设 $N(t) \neq 0$, 那么一定存在 $x(t) \neq 0$, 使 $N(t)x(t) \neq 0$. 用 $(N(t)x(t))^{\mathrm{T}}$ 和 $N(t)x(t)$ 分别乘不等式 (13.2.4) 的两边可得

$$x^{\mathrm{T}}(t)N^{\mathrm{T}}(t)(V_4(t) + V_4^{\mathrm{T}}(t) + N^{\mathrm{T}}(t)\dot{V}_4(t))N(t)x(t) < 0 \tag{13.2.8}$$

令

$$x(t) = N^{h-1}(t)x_0(t) \neq 0$$

则

$$x_0^{\mathrm{T}}(t)(N^{\mathrm{T}}(t))^{h-1}(N^{\mathrm{T}}(t)V_4(t)N(t) + N^{\mathrm{T}}(t)V_4^{\mathrm{T}}(t)N(t)$$
$$+ N^{\mathrm{T}}(t)N^{\mathrm{T}}(t)\dot{V}_4(t)N(t))N^{h-1}(t)x_0(t)$$
$$= x_0^{\mathrm{T}}(t)(N^{\mathrm{T}}(t))^h V_4(t)N^h(t)x_0(t) + x_0^{\mathrm{T}}(t)(N^{\mathrm{T}}(t))^h V_4^{\mathrm{T}}(t)N^h(t)x_0(t)$$
$$+ x_0^{\mathrm{T}}(t)(N^{\mathrm{T}}(t))^{h+1}\dot{V}_4(t)N^h(t)x_0(t) = 0$$

这与式 (13.2.8) 矛盾, 所以 $N(t) = 0$, 因此系统 (13.1.1) 是无脉冲的.

当系统 (13.1.1) 无脉冲时

$$\det(s(t)E(t) - A(t)) = d(t)\det \begin{pmatrix} s(t)I - A_1(t) & 0 \\ 0 & -I \end{pmatrix}$$
$$= (-1)^{n-q}d(t)\det(s(t)I - A_1(t))$$

其中

$$d(t) = [\det(P(t)Q(t))]^{-1} \neq 0$$

由于系统 (13.1.1) 渐近稳定, 因此

$$\det(s(t)I - A_1(t)) \neq 0$$

所以系统 (13.1.1) 是正则的.

## 13.3　系统的二次容许性

对于系统 (13.1.1), 如果存在状态反馈控制器

$$u(t) = K(t)x(t)$$

则在该反馈作用下, 相应的闭环系统为

$$E(t)\dot{x}(t) = (A(t) + B(t)K(t))x(t)$$
$$y(t) = C(t)x(t) \tag{13.3.1}$$

**定义 13.3.1**　对于系统 (13.3.1), 如果存在状态反馈 $u(t) = K(t)x(t)$, 使得闭环系统 (13.3.1) 是容许的, 则称系统 (13.3.1) 是二次容许的.

由定义 13.3.1 和定理 13.2.1 可得, 系统 (13.3.1) 二次允许意味着存在矩阵 $V(t)$, 使得

$$(A(t) + B(t)K(t))^{\mathrm{T}}V(t) + V^{\mathrm{T}}(t)(A(t) + B(t)K(t)) + E^{\mathrm{T}}(t)\dot{V}(t) + \dot{E}^{\mathrm{T}}(t)V(t) < 0$$
$$E^{\mathrm{T}}(t)V(t) = V^{\mathrm{T}}(t)E(t) \geqslant 0, \quad \dot{E}^{\mathrm{T}}(t)V(t) \geqslant 0 \tag{13.3.2}$$

**定理 13.3.1**　一般广义时变系统二次容许的充要条件是存在矩阵 $X(t), Y(t)$ 以及常数 $\varepsilon > 0$, 使得如下线性矩阵不等式成立.

$$\begin{pmatrix} X(t)A^{\mathrm{T}}(t) + A(t)X^{\mathrm{T}}(t) \\ + X(t)E^{\mathrm{T}}(t)\dot{X}^{-\mathrm{T}}(t)X^{\mathrm{T}}(t) & Y(t) \\ + X(t)\dot{E}^{\mathrm{T}}(t) + \varepsilon B(t)B^{\mathrm{T}}(t) \\ Y^{\mathrm{T}}(t) & -\varepsilon I \end{pmatrix} < 0 \tag{13.3.3}$$

$$\begin{cases} E(t)X^{\mathrm{T}}(t) = X(t)E^{\mathrm{T}}(t) \geqslant 0 \\ X(t)\dot{E}^{\mathrm{T}}(t) \geqslant 0 \end{cases} \tag{13.3.4}$$

若 $X(t), Y(t)$ 使得式 (13.3.3) 和式 (13.3.4) 成立, 则可得到一个状态反馈 $u(t) = K(t)x(t)$, 其中 $K(t) = Y^{\mathrm{T}}(t)X^{-\mathrm{T}}(t)$.

**证明**　必要性　一般广义时变系统二次允许是存在矩阵 $V(t)$, 使式 (13.3.2) 成立. 由引理 13.1.3 和式 (13.3.2) 可得式 (13.3.3) 等价于存在矩阵 $V(t)$ 和常数 $\varepsilon > 0$ 满足如下不等式

$$A^{\mathrm{T}}(t)V(t) + V^{\mathrm{T}}(t)A(t) + E^{\mathrm{T}}(t)\dot{V}(t) + \dot{E}^{\mathrm{T}}(t)V(t)$$
$$+ \varepsilon V^{\mathrm{T}}(t)B(t)B^{\mathrm{T}}(t)V(t) + \frac{1}{\varepsilon}K^{\mathrm{T}}(t)K(t) < 0 \tag{13.3.5}$$

由于矩阵 $V(t)$ 可逆, 因此用 $V^{-T}$ 和 $V^{-1}(t)$ 分别乘式 (13.3.5) 和式 (13.3.4) 的两边, 可得

$$
\begin{cases}
V^{-T}(t)A^{T}(t) + A(t)V^{-1}(t) + V^{-T}(t)E^{T}(t)\dot{V}(t)V^{-1}(t) \\
\quad + V^{-T}(t)\dot{E}^{T}(t) + \varepsilon B(t)B^{T}(t) + \dfrac{1}{\varepsilon}V^{-T}(t)K^{T}(t)K(t)V^{-1}(t) < 0 \\
V^{-T}(t)E^{T}(t) = E(t)V^{-1}(t) \geqslant 0 \\
V^{-T}(t)\dot{E}^{T}(t) \geqslant 0
\end{cases} \tag{13.3.6}
$$

令 $X(t) = V^{-T}(t)$, 则 $\dot{V}(t) = \dot{X}^{-T}(t)$, 再令 $Y(t) = X(t)K^{T}(t)$. 代入式 (13.3.6) 整理可得

$$
X(t)A^{T}(t) + A(t)X^{T}(t) + X(t)E^{T}(t)\dot{X}^{-T}(t)X^{T}(t)
$$
$$
+ X(t)\dot{E}^{T}(t) + \varepsilon B(t)B^{T}(t) + \frac{1}{\varepsilon}Y(t)Y^{T}(t) < 0 \tag{13.3.7}
$$

$$
\begin{cases}
E(t)X^{T}(t) = X(t)E^{T}(t) \geqslant 0 \\
X(t)\dot{E}^{T}(t) \geqslant 0
\end{cases} \tag{13.3.8}
$$

最后, 应用 Schur 补定理可得式 (13.3.3) 和式 (13.3.4) 成立.

　　**充分性**　如果式 (13.3.3) 和式 (13.3.4) 成立, 则由 Schur 补定理可得式 (13.3.7) 和式 (13.3.8) 成立, 然后代入 $X(t), Y(t)$ 的等价代换, 再用 $V^{T}(t)$ 和 $V(t)$ 分别乘各式的两边, 即可得式 (13.3.5) 和式 (13.3.4) 成立, 再由引理 13.1.3 和二次容许性的定义即可证得系统 (13.1.1) 是二次允许的.

## 13.4　数 值 算 例

　　**例 13.4.1**　对于系统 (13.1.1), 系数矩阵 $E(t), A(t)$ 的表达式如下:

$$
E(t) = \begin{pmatrix} t & 0 & 0 & 0 \\ 0 & 1 & 0 & 0 \\ 0 & 0 & 0 & 0 \\ 0 & 0 & 0 & 0 \end{pmatrix}, \quad A(t) = \begin{pmatrix} -2t & 0 & 0 & 0 \\ t & -2t & 0 & 0 \\ 0 & 0 & t & 0 \\ 0 & 0 & 0 & t \end{pmatrix}
$$

由于 $\det(A(t)) = 4t^4 \neq 0$, 则 $\det(\lambda I - A_1(t)) = (\lambda + 2)(\lambda + 2t)$, $N(t) = 0$, 因此系统是容许的.

　　计算广义 Lyapunov 不等式 (13.2.1), 当取

$$
V(t) = \begin{pmatrix} t & 0 & 0 & 0 \\ 0 & t & 0 & 0 \\ 0 & 0 & -t & 0 \\ 0 & 0 & 0 & -t \end{pmatrix}
$$

时满足广义 Lyapunov 不等式 (13.2.1).

**例 13.4.2**　对于系统 (13.1.1), 系数矩阵 $E(t), A(t), B(t)$ 的表达式分别为

$$E(t) = \begin{pmatrix} t & 0 \\ 0 & 0 \end{pmatrix}, \quad A(t) = \begin{pmatrix} \dfrac{t+1}{4} & 0 \\ 0 & -1 \end{pmatrix}, \quad B(t) = \begin{pmatrix} -t & 0 \\ 0 & 0 \end{pmatrix}$$

这里 $t > 1$.

由于

$$\det(\lambda I - A_1(t)) = \left( \lambda - \frac{t+1}{4t} \right)$$

因此原系统不稳定.

下面构造一个状态反馈控制器 $u(t) = K(t)x(t)$ 使得系统二次容许.

由定理 13.3.1, 设

$$X(t) = \begin{pmatrix} x_1 & x_2 \\ x_3 & x_4 \end{pmatrix}, \quad Y(t) = \begin{pmatrix} y_1 & y_2 \\ y_3 & y_4 \end{pmatrix}$$

由式 (13.3.6) 可得

$$\begin{pmatrix} x_1 & x_2 \\ x_3 & x_4 \end{pmatrix} \begin{pmatrix} \dfrac{t}{2} & 0 \\ 0 & -1 \end{pmatrix} + \begin{pmatrix} \dfrac{t}{2} & 0 \\ 0 & -1 \end{pmatrix} \begin{pmatrix} x_1 & x_3 \\ x_2 & x_4 \end{pmatrix}$$

$$+ \begin{pmatrix} x_1 & x_2 \\ x_3 & x_4 \end{pmatrix} \begin{pmatrix} t & 0 \\ 0 & 0 \end{pmatrix} \begin{pmatrix} \dot{x}_1 & \dot{x}_3 \\ \dot{x}_2 & \dot{x}_4 \end{pmatrix}^{-1} \begin{pmatrix} x_1 & x_3 \\ x_2 & x_4 \end{pmatrix}$$

$$+ \begin{pmatrix} x_1 & x_2 \\ x_3 & x_4 \end{pmatrix} \begin{pmatrix} 1 & 0 \\ 0 & 0 \end{pmatrix} + \varepsilon \begin{pmatrix} 0 & 0 \\ 0 & t^2 \end{pmatrix} + \frac{1}{\varepsilon} \begin{pmatrix} y_1^2 + y_2^2 & y_1 y_3 + y_2 y_4 \\ y_1 y_3 + y_2 y_4 & y_3^2 + y_4^2 \end{pmatrix} < 0 \tag{13.4.1}$$

将 $X(t)$ 代入式 (13.3.8) 中, 得 $x_0 = 0$, 将 $x_3 = 0$ 这一条件代入式 (13.4.1), 取

$$X(t) = \begin{pmatrix} \mathrm{e}^{-\frac{t}{4}} & 0 \\ 0 & t \end{pmatrix}$$

再取

$$Y(t) = \begin{pmatrix} \mathrm{e}\mathrm{e}^{-\frac{t}{4}} & 0 \\ 0 & \mathrm{e}\mathrm{e}^{-\frac{t}{4}} \end{pmatrix}$$

然后再代入式 (13.4.1) 并化简, 可求得 $\varepsilon$ 的取值范围

$$\frac{\mathrm{e}^{-\frac{t+1}{4}} \left[ 7t - 3 - \sqrt{(3t-3)(11t-3)} \right]}{4t^2} < \varepsilon < \frac{\mathrm{e}^{-\frac{t+1}{4}} \left[ 7t - 3 + \sqrt{(3t-3)(11t-3)} \right]}{4t^2}$$

则

$$K(t) = Y^{\mathrm{T}}(t)X^{-\mathrm{T}}(t) = \begin{pmatrix} \mathrm{e}^{\mathrm{e}^{-\frac{t}{4}}} & 0 \\ 0 & \mathrm{e}^{\mathrm{e}^{-\frac{t}{4}}} \end{pmatrix} \begin{pmatrix} \mathrm{e}^{\frac{t}{4}} & 0 \\ 0 & \dfrac{1}{t} \end{pmatrix} = \begin{pmatrix} 1 & 0 \\ 0 & \dfrac{\mathrm{e}^{\frac{t}{4}}}{t} \end{pmatrix}$$

令

$$G(t) = A(t) + B(t)K(t) = \begin{pmatrix} \dfrac{t+1}{4} & 0 \\ 0 & -1 \end{pmatrix} + \begin{pmatrix} -t & 0 \\ 0 & 0 \end{pmatrix} = \begin{pmatrix} \dfrac{1-3t}{4} & 0 \\ 0 & -1 \end{pmatrix}$$

$$\det(G(t)) = \frac{3t-1}{4} \neq 0$$

因此闭环系统正则;

$$\det(\lambda I - G_1(t)) = \left(\lambda + \frac{3t-1}{4t}\right)(\lambda + 1)$$

所以闭环系统稳定;

$$N(t) = 0$$

所以闭环系统无脉冲, 因此, 能够找到一个状态反馈控制器使原系统是二次允许的.

# 第14章 不确定时变时滞双线性广义系统的 鲁棒耗散控制

由于各种原因, 时滞和不确定性在实际控制系统中是普遍存在的, 而它们又是导致控制系统不稳定的两个主要因素. 范数有界性描述和正实性描述是描述不确定信息的两种常用方法, 但由于它们各自都存在一定的保守性, 因此就需要一种能够兼顾这两方面信息的描述方法. S L Xie 和 L H Xie 提出的耗散不确定性就是这种描述方法, 它为我们提供了一种更一般、更灵活的研究方法. 刘飞、苏宏业和褚健考虑了耗散不确定性, 利用线性矩阵不等式的方法研究了线性离散系统的鲁棒严格耗散控制问题并取得了许多重要成果.

目前, 有关时滞双线性广义系统的稳定性和无源控制问题的研究已取得了开创性的成果, 但对于双线性系统的耗散性研究却很少涉猎. 又由于无源控制和 $H_\infty$ 控制都只是耗散控制的特例, 所以研究不确定时滞双线性广义系统的耗散控制是很有实际意义的.

本章在双线性广义系统中引入耗散不确定性, 在状态空间下研究了具有状态时滞的不确定双线性广义系统的鲁棒严格耗散控制问题, 并给出了鲁棒耗散控制器的存在条件和设计方法.

## 14.1 系统描述与问题提出

考虑具有如下形式的时滞双线性广义系统:

$$\begin{cases} E\dot{x}(t) = Ax(t) + A_d x(t-d) + \sum_{i=1}^{n} N_i x_i(t) u(t) + Bw(t) \\ z(t) = Cx(t) + Dw(t) \\ x(t) = \varphi(t), t \in (-d, 0) \end{cases} \tag{14.1.1}$$

其中 $x(t) \in \mathbf{R}^n$ 是状态变量, 记 $x(t) = (x_1(t), x_2(t), \cdots, x_n(t))^{\mathrm{T}}$; $w(t) \in \mathbf{R}^p$ 是外部输入向量, 且 $w(t) \in L_2[0, \infty)$; $z(t) \in \mathbf{R}^q$ 是输出向量; $E, A_d, N_i, A, B, C, D$ 是具有适当维数的常数矩阵, $\mathrm{rank}(E) = r < n$; $d > 0$ 是滞后系数; $\varphi(t) \in \mathbf{R}^n$ 是给定的初始值向量; $\sum_{i=1}^{n} N_i x_i(t) u(t)$ 是系统的双线性部分.

对系统 (14.1.1) 选取如下形式的二次能量函数:

$$r(w,z) = \langle z, Qz \rangle_T + 2\langle z, Sw \rangle_T + \langle w, Rw \rangle_T \tag{14.1.2}$$

其中 $\langle u, v \rangle_T = \displaystyle\int_0^T u^{\mathrm{T}} v \mathrm{d}t, \forall T \geqslant 0$; $Q$, $S$, $R$ 为适当维数的权矩阵, 且 $Q$, $R$ 为对称矩阵.

**定义 14.1.1** 如果具有能量函数 (14.1.2) 的时滞双线性系统 (14.1.1), 对于任何 $T > 0$, 存在某一常数 $\alpha > 0$, 在零初始状态下, 满足以下条件:

$$r(w,z) \leqslant -\alpha \langle w, w \rangle_T \tag{14.1.3}$$

其中 $Q$, $S$, $R$ 满足:

(1) $Q \geqslant 0$;

(2) $R + D^{\mathrm{T}} S + S^{\mathrm{T}} D + D^{\mathrm{T}} Q D < 0$.

**定义 14.1.2** 设系统 (14.1.1) 的 Lyapunov 函数为

$$L(x,t) = x^{\mathrm{T}} E^{\mathrm{T}} P x + \int_{t-d}^{t} x(\tau)^{\mathrm{T}} V x(\tau) d\tau \tag{14.1.4}$$

其中 $P \in \mathbf{R}^{n \times n}$, $V \in \mathbf{R}^{n \times n}$, 且 $E^{\mathrm{T}} P = P^{\mathrm{T}} E, V > 0$. 如果存在一个常数 $\varepsilon > 0$, 使得 Lyapunov 函数 (14.1.1) 对时间 $t$ 的导数满足:

$$\dot{L}(x,t) \leqslant -\varepsilon \|x\|^2 \tag{14.1.5}$$

则称系统 (14.1.1) 为鲁棒稳定的.

# 14.2 系统的耗散控制

## 14.2.1 耗散不确定性

将耗散不确定性引入系统 (14.1.1) 中, 可得

$$\begin{cases} E\dot{x}(t) = Ax(t) + A_d x(t-d) + \displaystyle\sum_{i=1}^{n} N_i x_i(t) u(t) + Bw(t) + \sum_{i=1}^{L} H_i p_i(t) \\ z(t) = Cx(t) + Dw(t) + \displaystyle\sum_{i=1}^{L} H_{zi} p_i(t) \\ q_i(t) = F_i x(t) + F_{di} x(t-d) + F_{wi} w(t) + \displaystyle\sum_{j=1}^{L} F_{pi,j} p_j(t) \\ x(t) = \varphi(t), t \in [-d, 0] \end{cases}$$

其中 $p_i(t) \in \mathbf{R}^{k_i}$ 和 $q_i(t) \in \mathbf{R}^{h_i}$ 为不确定向量; $H_i, H_{zi}, F_i, F_{di}, F_{wi}$ 以及 $F_{pi,j}$ 分别是适当维数的实常数矩阵.

**定义 14.2.1**　对于系统 (14.2.1), 如果各不确定性变量 $p_i(t)$ 和 $q_i(t)$ 分别满足下列二次型耗散不等式:

$$\langle p_i, Q_i p_i \rangle_T + 2\langle p_i, S_i q_i \rangle_T + \langle q_i, R_i q_i \rangle_T \leqslant 0, \quad i = 1, 2, \cdots, L \tag{14.2.1}$$

则称系统具有耗散不确定性, 式中 $Q_i, S_i, R_i$ 为适当维数的权矩阵, 且 $Q_i, R_i$ 对称.

令 $p = \left( p_1^{\mathrm{T}}, \cdots, p_L^{\mathrm{T}} \right)^{\mathrm{T}}$, $q = \left( q_1^{\mathrm{T}}, \cdots, q_L^{\mathrm{T}} \right)^{\mathrm{T}}$

$$\hat{Q} = \mathrm{diag}\{Q_1, \cdots, Q_L\}, \quad \hat{S} = \mathrm{diag}\{S_1, \cdots, S_L\}, \quad \hat{R} = \mathrm{diag}\{R_1, \cdots, R_L\}$$

则不等式 (14.2.1) 等价于

$$\langle p, \hat{Q}p \rangle_T + 2\langle p, \hat{S}q \rangle_T + \langle q, \hat{R}q \rangle_T \leqslant 0 \tag{14.2.2}$$

其中 $Q_i, S_i, R_i$ 满足:

(1) $R_i \leqslant 0, i = 1, 2, \cdots, L$;

(2) $Q_i + S_i F_{pi} + F_{pi}^{\mathrm{T}} S_i^{\mathrm{T}} + F_{pi}^{\mathrm{T}} R_i F_{pi} > 0$.

### 14.2.2　鲁棒耗散性分析

下面定理给出了在不确定性 (14.2.1) 下, 时滞双线性广义系统鲁棒严格耗散的充分条件. 为了叙述简洁, 引入如下简写符号:

$$H = (H_1, \cdots, H_L), \quad H_z = (H_{z1}, \cdots, H_{zL}),$$

$$F = \left( F_1^{\mathrm{T}}, \cdots, F_L^{\mathrm{T}} \right)^{\mathrm{T}}, \quad F_d = \left( F_{d1}^{\mathrm{T}}, \cdots, F_{dL}^{\mathrm{T}} \right)^{\mathrm{T}},$$

$$F_w = \left( F_{w1}^{\mathrm{T}}, \cdots, F_{wL}^{\mathrm{T}} \right)^{\mathrm{T}}, \quad F_p = \left( F_{p1}^{\mathrm{T}}, \cdots, F_{pL}^{\mathrm{T}} \right)^{\mathrm{T}},$$

$$F_{pi} = (F_{pi,1}, \cdots, F_{pi,L}), \quad i = 1, \cdots, L, \quad \zeta = \left( x^{\mathrm{T}}(t), \ x^{\mathrm{T}}(t-d), \ w^{\mathrm{T}}(t), \ p^{\mathrm{T}}(t) \right)^{\mathrm{T}}$$

为避免复杂的细节推导过程, 进一步引入下列简写符号:

$$\Xi = \begin{pmatrix} A^{\mathrm{T}}P + P^{\mathrm{T}}A + V + P^{\mathrm{T}}P + E^{\mathrm{T}}\rho^2 IE & P^{\mathrm{T}}A_d & P^{\mathrm{T}}B & P^{\mathrm{T}}H \\ A_d^{\mathrm{T}}P & -V & 0 & 0 \\ B^{\mathrm{T}}P & 0 & 0 & 0 \\ H^{\mathrm{T}}P & 0 & 0 & 0 \end{pmatrix}$$

$$\Gamma = \begin{pmatrix} C^{\mathrm{T}}QC & C^{\mathrm{T}}QC_d & C^{\mathrm{T}}QD + C^{\mathrm{T}}S & C^{\mathrm{T}}QH_z \\ 0 & 0 & 0 & 0 \\ \Gamma_{31} & 0 & \Gamma_{33} & \Gamma_{34} \\ H_z^{\mathrm{T}}QC & 0 & H_z^{\mathrm{T}}QD + H_z^{\mathrm{T}}S & H_z^{\mathrm{T}}QH_z \end{pmatrix}$$

其中

$$\Gamma_{31} = D^{\mathrm{T}}QC + S^{\mathrm{T}}C, \quad \Gamma_{33} = D^{\mathrm{T}}QD + S^{\mathrm{T}}D + D^{\mathrm{T}}S + R, \quad \Gamma_{34} = D^{\mathrm{T}}QH_z + S^{\mathrm{T}}H_z$$

$$\begin{aligned} &\Omega(Q_i, S_i, R_i, F_i, F_{di}, F_{wi}, F_{pi}) \\ &= \begin{pmatrix} F_i^{\mathrm{T}}R_iF_i & F_i^{\mathrm{T}}R_iF_{di} & F_i^{\mathrm{T}}R_iF_{wi} & F_i^{\mathrm{T}}S_{ii}^{\mathrm{T}} + F_i^{\mathrm{T}}R_iF_{pi} \\ F_{di}^{\mathrm{T}}R_iF_i & F_{di}^{\mathrm{T}}R_iF_{di} & F_{di}^{\mathrm{T}}R_iF_{wi} & F_{di}^{\mathrm{T}}S_{ii}^{\mathrm{T}} + F_{di}^{\mathrm{T}}R_iF_{pi} \\ F_{wi}^{\mathrm{T}}R_iF_i & F_{wi}^{\mathrm{T}}R_iF_{di} & F_{wi}^{\mathrm{T}}R_iF_{wi} & F_{wi}^{\mathrm{T}}S_{ii}^{\mathrm{T}} + F_{wi}^{\mathrm{T}}R_iF_{pi} \\ \Omega_{41} & \Omega_{42} & \Omega_{43} & \Omega_{44} \end{pmatrix} \end{aligned}$$

其中:

$$\Omega_{41} = S_{ii}F_i + F_{pi}^{\mathrm{T}}R_iF_i, \quad \Omega_{42} = S_{ii}F_{di} + F_{pi}^{\mathrm{T}}R_iF_{di}, \quad \Omega_{43} = S_{ii}F_{wi} + F_{pi}^{\mathrm{T}}R_iF_{wi},$$

$$\Omega_{44} = Q_{ii} + S_{ii}F_{pi} + F_{pi}^{\mathrm{T}}S_{ii}^{\mathrm{T}} + F_{pi}^{\mathrm{T}}R_iF_{pi},$$

且

$$Q_{ii} = \mathrm{diag}\{0_1, \cdots, 0_{i-1}, Q_i, 0_{i+1}, \cdots, 0_L\}$$

$$S_{ii}^{\mathrm{T}} = \mathrm{diag}\{0_1, \cdots, 0_{i-1}, S_i^{\mathrm{T}}, 0_{i+1}, \cdots, 0_L\}$$

**定理 14.2.1**  给定对称矩阵 $Q$, $R$, 和矩阵 $S$, 且 $Q = Q^{\mathrm{T}} > 0$, 如果存在矩阵 $P > 0, V > 0$ 和标量 $\lambda_i > 0, i = 1, 2, \cdots, L$, 满足:

(1) $E^{\mathrm{T}}P = P^{\mathrm{T}}E \geqslant 0$;

(2) $\left\| \sum_{i=1}^{n} N_i x_i(t) u(t) \right\| \leqslant \rho \|Ex(t)\|$, 其中 $\rho > 0$ 为某一常数;

(3) $\Pi = \begin{pmatrix} \Pi_{11} & \Pi_{12} \\ \Pi_{12}^{\mathrm{T}} & \Pi_{22} \end{pmatrix} < 0.$  (14.2.3)

其中:

$$\Pi_{11} = \Xi + \begin{pmatrix} 0 & 0 & C^{\mathrm{T}}S & -F^{\mathrm{T}}\hat{S}^{\mathrm{T}}\lambda_s \\ 0 & 0 & 0 & -F_d^{\mathrm{T}}\hat{S}^{\mathrm{T}}\lambda_s \\ S^{\mathrm{T}}C & 0 & D^{\mathrm{T}}S + S^{\mathrm{T}}D + R & S^{\mathrm{T}}H_z - F_w^{\mathrm{T}}\hat{S}^{\mathrm{T}}\lambda_s \\ -\lambda_s\hat{S}F & -\lambda_s\hat{S}F_d & H_z^{\mathrm{T}}S - \lambda_s\hat{S}F_w & -\lambda_Q\hat{Q} - \lambda_s\hat{S}F_p - F_p^{\mathrm{T}}\hat{S}^{\mathrm{T}}\lambda_s \end{pmatrix}$$

$$\Pi_{12}^{\mathrm{T}} = \begin{pmatrix} Q^{\frac{1}{2}}C & Q^{\frac{1}{2}}C_d & Q^{\frac{1}{2}}D & Q^{\frac{1}{2}}H_z \\ \hat{R}_-^{\frac{1}{2}}F & \hat{R}_-^{\frac{1}{2}}F_d & \hat{R}_-^{\frac{1}{2}}F_w & \hat{R}_-^{\frac{1}{2}}F_p \end{pmatrix}, \quad \Pi_{22} = \begin{pmatrix} -I & 0 \\ 0 & -\lambda_R^{-1} \end{pmatrix},$$

$\hat{R}_- = -\hat{R}; \lambda_Q, \lambda_S, \lambda_R$ 分别是关于 $\lambda_i$ 的适当维数的块对角矩阵, 则系统 (14.2.1) 在假设条件下, 对于容许的不确定性是鲁棒稳定且严格 $(Q, S, R)$-耗散的.

**证明**　取系统 (14.2.1) 的 Lyapunov 函数为

$$L(x,t) = x^{\mathrm{T}} E^{\mathrm{T}} P x + \int_{t-d}^{t} x(\tau)^{\mathrm{T}} V x(\tau) \mathrm{d}\tau \tag{14.2.4}$$

记 $x(t) = x, w(t) = w, x(t-d) = x_d, \sum\limits_{i=1}^{n} N_i x_i(t) u(t) = Z$, 则其沿系统 (14.2.1) 的导数为

$$\begin{aligned}
\dot{L}(x,t) &= \dot{x}^{\mathrm{T}} E^{\mathrm{T}} P + x^{\mathrm{T}} E^{\mathrm{T}} P \dot{x} + x^{\mathrm{T}} V x - x_d^{\mathrm{T}} V x_d \\
&= (E\dot{x})^{\mathrm{T}} P x + x^{\mathrm{T}} P^{\mathrm{T}} E \dot{x} + x^{\mathrm{T}} V x - x_d^{\mathrm{T}} V x_d \\
&= x^{\mathrm{T}} A P x + x_d^{\mathrm{T}} A_d^{\mathrm{T}} P x + w^{\mathrm{T}} B^{\mathrm{T}} P x + p^{\mathrm{T}} H^{\mathrm{T}} P x + x^{\mathrm{T}} P^{\mathrm{T}} A x \\
&\quad + x^{\mathrm{T}} P^{\mathrm{T}} A_d x_d + x^{\mathrm{T}} P^{\mathrm{T}} B w + 2 x^{\mathrm{T}} P^{\mathrm{T}} Z + x^{\mathrm{T}} P^{\mathrm{T}} H p + x^{\mathrm{T}} V x - x_d^{\mathrm{T}} V x_d
\end{aligned}$$

由向量不等式知

$$2 x^{\mathrm{T}} P^{\mathrm{T}} Z \leqslant x^{\mathrm{T}} P^{\mathrm{T}} P x + x^{\mathrm{T}} E^{\mathrm{T}} \rho^2 I E x$$

则可得到

$$\dot{L}(x,t) \leqslant \varsigma^{\mathrm{T}} \varXi \varsigma \tag{14.2.5}$$

其中 $\varsigma = \left( x^{\mathrm{T}}, \ x_d^{\mathrm{T}}, \ w^{\mathrm{T}}, \ p^{\mathrm{T}} \right)^{\mathrm{T}}$.

不妨假设

$$\varsigma^{\mathrm{T}} (\varXi + \varGamma) \varsigma < 0 \tag{14.2.6}$$

由式 (14.2.1) 中的第三个式子, 当 $i = 1, 2, \cdots, L$ 时, 不难证明下列不等式 (14.2.7) 对式 (14.2.1) 是充分的,

$$\varsigma^{\mathrm{T}} \varOmega \varsigma \leqslant 0 \tag{14.2.7}$$

对于所有的 $\varsigma \neq 0$, 更严格地讲是对于所有的 $\left( x^{\mathrm{T}}, \ x_d^{\mathrm{T}}, \ w^{\mathrm{T}} \right) \neq 0$. 因为事实上根据 $Q_i, S_i, R_i$ 满足的条件 (14.1.2) 可知, 集合

$$\left\{ \left( \left( x^{\mathrm{T}}, \ x_d^{\mathrm{T}}, \ w^{\mathrm{T}} \right), p^{\mathrm{T}} \right) \middle| \left( x^{\mathrm{T}}, \ x_d^{\mathrm{T}}, \ w^{\mathrm{T}} \right) = 0, p^{\mathrm{T}} \neq 0 \right\} \quad \text{中不可能存在 } \varsigma \text{ 满足式}$$

(14.2.7).

因此, 如果存在 $\lambda_1 \geqslant 0, \cdots, \lambda_L \geqslant 0$, 使得

$$\varXi + \varGamma - \sum_{i=1}^{L} \lambda_i \varOmega < 0 \tag{14.2.8}$$

则式 (14.2.6) 与式 (14.2.7) 同时成立, 也就是说系统 (14.2.1) 具有耗散不确定性.

由式 (14.2.6) 可知, 存在一个常数 $\alpha > 0$ 使得 $\varsigma^{\mathrm{T}} (\varXi + \varGamma) \varsigma \leqslant -\alpha w^{\mathrm{T}} w$, 而

$$\varsigma^{\mathrm{T}} (\varXi + \varGamma) \varsigma \geqslant \dot{L}(x,t) + \varsigma^{\mathrm{T}} \varGamma \varsigma \tag{14.2.9}$$

两边积分有

$$L(x,t) + r(w,z) \leqslant -\alpha \langle w, w \rangle_T$$

由定理中条件可得 $L(x,t) \geqslant 0$, 所以 $r(w,z) \leqslant -\alpha \langle w, w \rangle_T$. 因此, 系统 (14.2.1) 是鲁棒耗散的.

进而令 $w = 0$, 则由式 (14.2.8) 和式 (14.2.9) 可以得到

$$\dot{L}(x,t) + (Cx + H_z p)^{\mathrm{T}} Q(Cx + H_z p) < 0,$$

则 $\dot{L}(x,t) < 0$. 因此, 存在 $\varepsilon > 0$, 使得 $\dot{L}(x,t) \leqslant -\varepsilon \|x\|^2$, 故系统 (14.2.1) 是鲁棒稳定的.

令

$$\lambda_R = \mathrm{diag}\left\{\lambda_1 I_{h1}, \cdots, \lambda_L I_{hL}\right\}, \quad \lambda_Q = \lambda_S = \mathrm{diag}\left\{\lambda_1 I_{k1}, \cdots, \lambda_L I_{kL}\right\},$$

则式 (14.2.7) 可以表示为

$$\varXi + \varGamma - \varOmega(\lambda_Q \hat{Q}, \lambda_S \hat{S}, \lambda_R \hat{R}, F_i, F_d, F_w, F_p) < 0 \qquad (14.2.10)$$

由条件 $R_i \leqslant 0$, 可知 $\hat{R}_- = -\hat{R} > 0$. 又因为 $\varPi_{22} < 0$, $\varPi_{11}(x) - \varPi_{12}(x)\varPi_{22}^{-1}(x)\varPi_{12}^{\mathrm{T}}(x) < 0$ 与式 (14.2.10) 等价, 从而可得到式 (14.2.3). $\qquad \square$

### 14.2.3 鲁棒耗散控制器设计

考虑具有如下形式的不确定时滞双线性广义系统:

$$\begin{cases} E\dot{x}(t) = Ax(t) + A_d x(t-d) + \displaystyle\sum_{i=1}^{n} N_i x_i(t) u(t) + Bw(t) + B_1 u(t) + \displaystyle\sum_{i=1}^{L} H_i p_i(t) \\[2mm] z(t) = Cx(t) + Dw(t) + D_1 u(t) + \displaystyle\sum_{i=1}^{L} H_{zi} p_i(t) \\[2mm] q_i(t) = F_i x(t) + F_{di} x(t-d) + F_{wi} w(t) + F_{ui} u(t) + \displaystyle\sum_{j=1}^{L} F_{pi,j} p_j(t) \\[2mm] x(t) = \varphi(t), t \in [-d, 0] \end{cases}$$

$$(14.2.11)$$

其中, $u(t) \in \mathbf{R}^l$ 是控制输入向量; $B_1, D_1$ 和 $F_{ui}$ 分别是适当维数的常数矩阵.

**定义 14.2.2** 给定对称矩阵 $Q, R$ 和矩阵 $S$, 对于系统 (14.2.11) 设计一个状态反馈控制器, 如果能够使闭环系统鲁棒稳定且严格 $(Q, S, R)$ 耗散, 则称该控制器为鲁棒耗散状态反馈控制器.

下面考虑状态反馈是无记忆的情形.

设系统 (14.2.11) 有如下形式的状态反馈控制器:

$$u(t) = Kx(t) \tag{14.2.12}$$

将 $u(t) = Kx(t)$ 代入式 (14.2.11), 则可得到闭环系统:

$$
\begin{cases}
E\dot{x}(t) = \tilde{A}x(t) + A_d x(t-d) + \sum_{i=1}^{n} N_i x_i(t) Kx(t) + Bw(t) + \sum_{i=1}^{L} H_i p_i(t) \\
z(t) = \tilde{C}x(t) + Dw(t) + \sum_{i=1}^{L} H_{zi} p_i(t) \\
q_i(t) = \tilde{F}_i x(t) + F_{di} x(t-d) + F_{wi} w(t) + \sum_{j=1}^{L} F_{pi,j} p_j(t) \\
x(t) = \varphi(t), t \in [-d, 0]
\end{cases}
\tag{14.2.13}
$$

其中: $\tilde{A} = A + B_1 K, \tilde{C} = C + D_1 K, \tilde{F}_i = F_i + F_{ui}K$.

**定理 14.2.2** 给定对称矩阵 $Q, R$ 和矩阵 $S$, 且 $Q = Q^T > 0$. 如果存在正定阵 $U$ 和 $T$ 以及可逆矩阵 $X > 0, V > 0, W, \alpha_s, \lambda_R$ 满足下列线性矩阵不等式:

$$\Phi = \left\{ x : U \geqslant \left( \sum_{i=1}^{n} x_i(t) N_i \right)^T T \left( \sum_{i=1}^{n} x_i(t) N_i \right) \right\} \subset \mathbf{R}^n \tag{14.2.14}$$

$$EX = X^T E^T \geqslant 0 \tag{14.2.15}$$

$$
\begin{pmatrix}
\Theta_{11} & * & * & * & * & * & * & * \\
A_d^T & -V & * & * & * & * & * & * \\
\Theta_{31} & 0 & D^T S + S^T D + R & * & * & * & * & * \\
\Theta_{41} & -\hat{S}F_d & \alpha_s H_z^T S - \hat{S}F_w & \Theta_{44} & * & * & * & * \\
\Theta_{51} & 0 & Q^{\frac{1}{2}}D & Q^{\frac{1}{2}}H_z\alpha_s & -I & * & * & * \\
\Theta_{61} & R_-^{\frac{1}{2}}F_d & R_-^{\frac{1}{2}}F_w & R_-^{\frac{1}{2}}F_p\alpha_s & 0 & -\lambda_R^{-1} & * & * \\
X & 0 & 0 & 0 & 0 & 0 & -V^{-1} & * \\
W & 0 & 0 & 0 & 0 & 0 & 0 & -U^{-1}
\end{pmatrix} < 0
\tag{14.2.16}
$$

其中 "$*$" 表示关于对角线的对称项;

$$\Theta_{11} = (AX + B_1 W)^T + (AX + B_1 W) + T^{-1}; \Theta_{31} = B^T + S^T(CX + D_1 W);$$

$$\Theta_{41} = \alpha_s H - \hat{S}(CX + D_1 W); \Theta_{44} = -\hat{Q}\alpha_s - \hat{S}F_p\alpha_s - \alpha_s F_p^T \hat{S}^T;$$

$$\Theta_{51} = Q^{\frac{1}{2}}(CX + D_1W); \Theta_{61} = \hat{R}_-^{\frac{1}{2}}(FX + F_uW)$$

则系统 (14.2.11) 在状态反馈控制器 (14.2.12) 作用下的闭环系统 (14.2.13) 是鲁棒稳定且是严格 $(Q, S, R)$-耗散的.

进而, 若不等式 (14.2.15) 和式 (14.2.16) 存在可行解为 $X_*, W_*$, 则可以得到鲁棒耗散状态反馈控制器的设计方法如下:

$$u(t) = Kx(t) = W_*X_*^{-1}x(t).$$

**证明** 取系统 (14.2.13) 的 Lyapunov 函数为

$$L(x,t) = x^{\mathrm{T}}E^{\mathrm{T}}Px + \int_{t-d}^{t} x(\tau)^{\mathrm{T}}Vx(\tau)\mathrm{d}\tau$$

记 $x(t) = x, w(t) = w, x(t-d) = x_d, \sum_{i=1}^{n} N_i x_i(t)Kx(t) = Z$, 则其沿系统 (14.2.13) 的导数为

$$\begin{aligned}\dot{L}(x,t) &= \dot{x}^{\mathrm{T}}E^{\mathrm{T}}P + x^{\mathrm{T}}E^{\mathrm{T}}P\dot{x} + x^{\mathrm{T}}Vx - x_d^{\mathrm{T}}Vx_d \\ &= (E\dot{x})^{\mathrm{T}}Px + x^{\mathrm{T}}P^{\mathrm{T}}E\dot{x} + x^{\mathrm{T}}Vx - x_d^{\mathrm{T}}Vx_d \\ &= x^{\mathrm{T}}\tilde{A}Px + x_d^{\mathrm{T}}A_d^{\mathrm{T}}Px + w^{\mathrm{T}}B^{\mathrm{T}}Px + p^{\mathrm{T}}H^{\mathrm{T}}Px + x^{\mathrm{T}}P^{\mathrm{T}}\tilde{A}x \\ &\quad + x^{\mathrm{T}}P^{\mathrm{T}}A_dx_d + x^{\mathrm{T}}P^{\mathrm{T}}Bw + 2x^{\mathrm{T}}P^{\mathrm{T}}Z + x^{\mathrm{T}}P^{\mathrm{T}}Hp + x^{\mathrm{T}}Vx - x_d^{\mathrm{T}}Vx_d\end{aligned}$$

又注意到式 (14.2.14) 的集合, 于是对于任意 $x \in \Phi$, 有

$$\begin{aligned}Z^{\mathrm{T}}TZ &= \left(\sum_{i=1}^{n} x_i(t)N_iKx(t)\right)^{\mathrm{T}} T \left(\sum_{i=1}^{n} x_i(t)N_iKx(t)\right) \\ &= x^{\mathrm{T}}(t)K^{\mathrm{T}}\left(\sum_{i=1}^{n} x_i(t)N_i\right)^{\mathrm{T}} T \left(\sum_{i=1}^{n} x_i(t)N_i\right)Kx(t) \\ &\leqslant x^{\mathrm{T}}(t)K^{\mathrm{T}}UKx(t)\end{aligned}$$

则有

$$\begin{aligned}\dot{L}(x,t) &= x^{\mathrm{T}}\tilde{A}Px + x^{\mathrm{T}}P^{\mathrm{T}}\tilde{A}x + x^{\mathrm{T}}Vx + x^{\mathrm{T}}K^{\mathrm{T}}UKx + x^{\mathrm{T}}P^{\mathrm{T}}T^{-1}Px + x_d^{\mathrm{T}}A_d^{\mathrm{T}}Px \\ &\quad + w^{\mathrm{T}}B^{\mathrm{T}}Px + p^{\mathrm{T}}H^{\mathrm{T}}Px + x^{\mathrm{T}}P^{\mathrm{T}}A_dx_d + x^{\mathrm{T}}P^{\mathrm{T}}Bw + x^{\mathrm{T}}P^{\mathrm{T}}Hp \\ &\quad - (Px - TZ)^{\mathrm{T}}T^{-1}(Px - TZ) - (x^{\mathrm{T}}K^{\mathrm{T}}UKx - Z^{\mathrm{T}}TZ) \leqslant \varsigma^{\mathrm{T}}\tilde{\Xi}\varsigma\end{aligned}$$

其中:

$$\varsigma = (x^{\mathrm{T}}, x_d^{\mathrm{T}}, w^{\mathrm{T}}, p^{\mathrm{T}})^{\mathrm{T}}$$

$$\tilde{\Xi} = \begin{pmatrix} \tilde{A}^{\mathrm{T}}P + P^{\mathrm{T}}\tilde{A} + V + P^{\mathrm{T}}T^{-1}P + K^{\mathrm{T}}UK & P^{\mathrm{T}}A_d & P^{\mathrm{T}}B & P^{\mathrm{T}}H \\ A_d^{\mathrm{T}}P & -V & 0 & 0 \\ B^{\mathrm{T}}P & 0 & 0 & 0 \\ H^{\mathrm{T}}P & 0 & 0 & 0 \end{pmatrix}$$

根据定理 14.2.1, 如果

$$E^{\mathrm{T}}P = P^{\mathrm{T}}E \geqslant 0; \quad \tilde{\Pi} = \begin{pmatrix} \tilde{\Pi}_{11} & \tilde{\Pi}_{12} \\ \tilde{\Pi}_{12}^{\mathrm{T}} & \tilde{\Pi}_{22} \end{pmatrix} < 0$$

其中:

$$\tilde{\Pi}_{11} = \tilde{\Xi} + \begin{pmatrix} 0 & 0 & \tilde{C}^{\mathrm{T}}S & -\tilde{F}^{\mathrm{T}}\hat{S}^{\mathrm{T}}\lambda_s \\ 0 & 0 & 0 & -F_d^{\mathrm{T}}\hat{S}^{\mathrm{T}}\lambda_s \\ S^{\mathrm{T}}\tilde{C} & 0 & D^{\mathrm{T}}S + S^{\mathrm{T}}D + R & S^{\mathrm{T}}H_z - F_w^{\mathrm{T}}\hat{S}^{\mathrm{T}}\lambda_s \\ -\lambda_s\hat{S}\tilde{F} & -\lambda_s\hat{S}F_d & H_z^{\mathrm{T}}S - \lambda_s\hat{S}F_w & -\lambda_Q\hat{Q} - \lambda_s\hat{S}F_p - F_p^{\mathrm{T}}\hat{S}^{\mathrm{T}}\lambda_s \end{pmatrix}$$

$$\tilde{\Pi}_{12}^{\mathrm{T}} = \begin{pmatrix} Q^{\frac{1}{2}}\tilde{C} & Q^{\frac{1}{2}}C_d & Q^{\frac{1}{2}}D & Q^{\frac{1}{2}}H_z \\ \hat{R}_-^{\frac{1}{2}}\tilde{F} & \hat{R}_-^{\frac{1}{2}}F_d & \hat{R}_-^{\frac{1}{2}}F_w & \hat{R}_-^{\frac{1}{2}}F_p \end{pmatrix}, \quad \tilde{\Pi}_{22} = \begin{pmatrix} -I & 0 \\ 0 & -\lambda_R^{-1} \end{pmatrix}$$

则系统 (14.2.13) 是鲁棒稳定且严格 $(Q, S, R)$ 的. 将式 $\tilde{\Pi} < 0$ 分别左乘 $\mathrm{diag}\{(P^{-1})^{\mathrm{T}},$ $I, \ I, \ \lambda_s^{-1}, \ I, \ I,\}$, 右乘 $\mathrm{diag}\{P^{-1}, \ I, \ I, \ \lambda_s^{-1}, \ I, \ I\}$, 并且令 $X = P^{-1}$, $KX = W$, $\alpha_s = \lambda_s^{-1}$, 即可得式 (14.2.16). □

## 14.3　基于观测器的鲁棒耗散控制

### 14.3.1　系统描述与问题提出

考虑具有如下形式的时变时滞不确定双线性广义系统:

$$\begin{cases} E\dot{x}(t) = (A + \Delta A(t))x(t) + (A_1 + \Delta A_1(t))x(t - d(t)) + (B + \Delta B(t))u(t) \\ \qquad + (B_1 + \Delta B_1(t))w(t) + \sum\limits_{i=1}^{n} N_i x_i(t)u(t) \\ z(t) = Cx(t) + C_1 x(t - d(t)) + Du(t) + D_1 w(t) \\ y(t) = C_2 x(t) \end{cases}$$

$$(14.3.1)$$

其中 $x(t) \in \mathbf{R}^n$ 是状态变量, 记 $x(t) = (x_1(t), x_2(t), \cdots, x_n(t))^{\mathrm{T}}$; $u(t) \in \mathbf{R}^m$ 是控制输入; $w(t) \in \mathbf{R}^p$ 是外部输入向量, 且 $w(t) \in L_2[0, \infty)$; $z(t) \in \mathbf{R}^q$ 是被调输出; $y(t) \in \mathbf{R}^l$ 是测量输出; $E, A, A_1, B, B_1, C, C_1, D, D_1, C_2, N_i$ 是具有适当维数的常数

矩阵, $\mathrm{rank}(E) = r < n$; $\Delta A, \Delta A_1, \Delta B, \Delta B_1, \Delta C, \Delta C_1, \Delta D, \Delta D_1$ 是系统的不确定性参数; $d(t)$ 是时变时滞, 并满足 $0 \leqslant d(t) < \infty, \dot{d}(t) \leqslant \alpha < 1$; $\sum\limits_{i=1}^{n} N_i x_i(t) u(t)$ 是系统的双线性部分.

假设系统 (14.3.1) 的不确定性参数满足:

$$\Delta A = E_1 F_1(t) H_1, \quad \Delta A_1 = E_2 F_2(t) H_2, \quad \Delta B = E_3 F_3(t) H_3, \quad \Delta B_1 = E_4 F_4(t) H_4$$
$$\Delta C = E_5 F_5(t) H_5, \quad \Delta C_1 = E_6 F_6(t) H_6, \quad \Delta D = E_7 F_7(t) H_7, \Delta D_1 = E_8 F_8(t) H_8$$
$$(14.3.2)$$

其中: $E_i, H_i (i = 1, 2, \cdots, 8)$ 是已知的适当维数常数矩阵; $F_i^{\mathrm{T}}(t) F_i(t) \leqslant I_{gi}, i = 1, 2, \cdots, 8$, $F_i(t)(i = 1, 2, \cdots, 8)$ 的每个元素是 Lebesgue 可测的. 若系统的不确定性满足条件 (14.3.2), 则称系统的不确定性为允许的不确定性.

**定义 14.3.1** 对于系统 (14.3.1) 的自治系统 (当 $w(t) = 0$ 时), 如果存在可逆矩阵 $P$ 及对称矩阵 $S$, 对于所有允许的不确定性, 不等式

$$E^{\mathrm{T}} P = P^{\mathrm{T}} E \geqslant 0, \quad \begin{pmatrix} (A + \Delta A)^{\mathrm{T}} P + P^{\mathrm{T}}(A + \Delta A) & P^{\mathrm{T}}(A_1 + \Delta A_1) \\ * & -(1 - \alpha) S \end{pmatrix} < 0$$

都成立, 则称系统 (14.3.1) 的自治系统是鲁棒稳定的.

对系统 (14.3.1) 引入如下形式的二次能量供给率:

$$G(w, z, T) = \langle z, Qz \rangle_T + 2\langle z, Sw \rangle_T + \langle w, Rw \rangle_T \tag{14.3.3}$$

其中 $\langle u, v \rangle_T = \displaystyle\int_0^T u^{\mathrm{T}} v \mathrm{d}t, \forall T \geqslant 0$; $Q, S, R$ 为适当维数的权矩阵, 且 $Q, R$ 是对称的.

**定义 14.3.2** 给定对称矩阵 $Q, R$ 和矩阵 $S$. 在零初始状态下, 如果存在正数 $\alpha$, 使得对任意非负实数 $T$, 有

$$G(w, z, T) \geqslant \alpha \langle w, w \rangle_T \tag{14.3.4}$$

则称系统 (14.3.1) 是严格 $(Q, S, R)$-耗散的.

**假设 14.3.1** $Q_- = -Q \geqslant 0$.

设系统 (14.3.1) 基于状态观测器的控制器为

$$\begin{cases} E\dot{\xi}(t) = A\xi(t) + A_1 \xi(t - d(t)) + Bu(t) + L(y(t) - C_2 \xi(t)) + \sum\limits_{i=1}^{n} N_i \xi_i(t) u(t) \\ u(t) = -K\xi(t) \end{cases}$$
$$(14.3.5)$$

式中：$\xi(t) \in \mathbf{R}^n$ 是状态向量 $x(t)$ 的估计；$K \in \mathbf{R}^{m \times n}$ 是控制增益矩阵；$L \in \mathbf{R}^{n \times q}$ 是观测器增益矩阵.

令 $e(t) = x(t) - \xi(t)$, 则由系统 (14.3.1) 与观测器 (14.3.5) 可组成如下增广闭环系统：

$$
\begin{cases}
\begin{pmatrix} E & 0 \\ 0 & E \end{pmatrix} \begin{pmatrix} \dot{x}(t) \\ \dot{e}(t) \end{pmatrix} = \begin{pmatrix} A+\Delta A-BK-\Delta BK & BK+\Delta BK \\ \Delta A-\Delta BK & A+\Delta BK-LC_2 \end{pmatrix} \begin{pmatrix} x(t) \\ e(t) \end{pmatrix} \\
\qquad + \begin{pmatrix} A_1+\Delta A_1 & 0 \\ \Delta A_1 & A_1 \end{pmatrix} \begin{pmatrix} x(t-d(t)) \\ e(t-d(t)) \end{pmatrix} \\
\qquad + \begin{pmatrix} B_1+\Delta B_1 \\ B_1+\Delta B_1 \end{pmatrix} w(t) + \begin{pmatrix} \sum\limits_{i=1}^{n} x_i(t) N_i u(t) \\ \sum\limits_{i=1}^{n} e_i(t) N_i u(t) \end{pmatrix} \\
z(t) = (C-DK)x(t) + C_1 x(t-d(t)) + DKe(t) + D_1 w(t)
\end{cases} \tag{14.3.6}
$$

### 14.3.2　鲁棒耗散性分析

**定理 14.3.1**　给定矩阵 $Q, S, R$ 且 $Q$ 和 $R$ 是对称的. 在假设 14.3.1 下, 如果存在可逆矩阵 $P_1, P_2, J_1, J_2$, 矩阵 $K, L$ 以及常数 $\varepsilon > 0$, 使得

(1) $E^{\mathrm{T}}P_1 = P_1^{\mathrm{T}}E \geqslant 0, E^{\mathrm{T}}P_2 = P_2^{\mathrm{T}}E \geqslant 0;$　　　　　　　　　　　　　(14.3.7)

(2) $\left\| \sum\limits_{i=1}^{n} N_i x_i(t) u(t) \right\| \leqslant \rho \|Ex(t)\|$, 其中 $\rho > 0$ 为某一常数;　　　　　(14.3.8)

(3) $\Phi = \begin{pmatrix} N & M^{\mathrm{T}} & G \\ * & -\varepsilon I & 0 \\ * & * & -I \end{pmatrix} < 0,$　　　　　　　　　　　　　　　(14.3.9)

其中 "$*$" 表示关于对角线的对称项;

$$
N = \begin{pmatrix}
\Sigma_{11} & P_1^{\mathrm{T}}A_1 & P_1^{\mathrm{T}}BK & 0 & P_1^{\mathrm{T}}B_1-(C-DK)^{\mathrm{T}}S \\
* & -(1-\alpha)J_1 & 0 & 0 & C_1^{\mathrm{T}}S \\
* & * & \Sigma_{33} & P_2^{\mathrm{T}}A_1 & P_2^{\mathrm{T}}B_1-K^{\mathrm{T}}D^{\mathrm{T}}S \\
* & * & * & -(1-\alpha)J_2 & 0 \\
* & * & * & * & -D_1^{\mathrm{T}}S-S^{\mathrm{T}}D_1-R
\end{pmatrix}
$$

$$
\Sigma_{11} = (A-BK)^{\mathrm{T}}P_1 + P_1^{\mathrm{T}}(A-BK) + J_1 + P_1^{\mathrm{T}}P_1 + E^{\mathrm{T}}\rho^2 IE + \varepsilon \sum_{i=1}^{4} P_1^{\mathrm{T}}E_i E_i^{\mathrm{T}}P_1
$$

$$
\Sigma_{33} = (A_1-LC_2)^{\mathrm{T}}P_2 + P_2^{\mathrm{T}}(A_1-LC_2) + J_2 + P_2^{\mathrm{T}}P_2 + E^{\mathrm{T}}\rho^2 IE + \varepsilon \sum_{i=1}^{4} P_2^{\mathrm{T}}E_i E_i^{\mathrm{T}}P_2
$$

$$G = \begin{pmatrix} (C-DK)^{\mathrm{T}}Q_{-}^{\frac{1}{2}} \\ C_1^{\mathrm{T}}Q_{-}^{\frac{1}{2}} \\ K^{\mathrm{T}}D^{\mathrm{T}}Q_{-}^{\frac{1}{2}} \\ 0 \\ D_1^{\mathrm{T}}Q_{-}^{\frac{1}{2}} \end{pmatrix}, \quad M = \begin{pmatrix} H_1 & 0 & 0 & 0 & 0 \\ 0 & H_2 & 0 & 0 & 0 \\ -H_3K & 0 & H_3 & 0 & 0 \\ 0 & 0 & 0 & 0 & H_4 \end{pmatrix}$$

则对所有允许的不确定性 (14.3.2), 闭环系统 (14.3.6) 是鲁棒稳定且严格 $(Q, S, R)$-耗散的.

**证明** 首先构造如下的 Lyapunov 函数:

$$V(x(t), e(t)) = \begin{pmatrix} x(t) \\ e(t) \end{pmatrix}^{\mathrm{T}} \begin{pmatrix} E^{\mathrm{T}}P_1 & 0 \\ 0 & E^{\mathrm{T}}P_2 \end{pmatrix} \begin{pmatrix} x(t) \\ e(t) \end{pmatrix}$$
$$+ \int_{t-d(t)}^{t} \begin{pmatrix} x(t) \\ e(t) \end{pmatrix}^{\mathrm{T}} \begin{pmatrix} J_1 & 0 \\ 0 & J_2 \end{pmatrix} \begin{pmatrix} x(t) \\ e(t) \end{pmatrix} \mathrm{d}t$$

则 $V(x(t), e(t))$ 是正定的.

记 $x(t) = x, e(t) = e, w(t) = w, u(t) = u, x(t-d(t)) = x_d, e(t-d(t)) = e_d$, 则其沿系统 (14.3.6) 的导数为

$$\dot{V}(x(t), e(t)) = \dot{x}^{\mathrm{T}}E^{\mathrm{T}}P_1x + x^{\mathrm{T}}E^{\mathrm{T}}P_1\dot{x} + x^{\mathrm{T}}J_1x - (1-d(t))x_d^{\mathrm{T}}J_1x_d$$
$$+ \dot{e}^{\mathrm{T}}E^{\mathrm{T}}P_2e + e^{\mathrm{T}}E^{\mathrm{T}}P_1\dot{e} + e^{\mathrm{T}}J_2e - (1-d(t))e_d^{\mathrm{T}}J_2e_d$$
$$= x^{\mathrm{T}}(A + \Delta A - BK - \Delta BK)^{\mathrm{T}}P_1x + e^{\mathrm{T}}(K^{\mathrm{T}}B^{\mathrm{T}} + K^{\mathrm{T}}\Delta B^{\mathrm{T}})P_1x$$
$$+ x_d^{\mathrm{T}}(A_1 + \Delta A_1)^{\mathrm{T}}P_1x + w^{\mathrm{T}}(B_1 + \Delta B_1)^{\mathrm{T}}P_1x + \left(\sum_{i=1}^{n} x_iN_iu\right)P_1x$$
$$+ x^{\mathrm{T}}P_1^{\mathrm{T}}(A + \Delta A - BK - \Delta BK)x + x^{\mathrm{T}}P_1^{\mathrm{T}}(BK + \Delta BK)e$$
$$+ x^{\mathrm{T}}P_1^{\mathrm{T}}(A_1 + \Delta A_1)x_d + x^{\mathrm{T}}P_1^{\mathrm{T}}(B_1 + \Delta B_1)w + xP_1^{\mathrm{T}}\left(\sum_{i=1}^{n} x_iN_iu\right)$$
$$+ x^{\mathrm{T}}J_1x - (1-d(t))x_d^{\mathrm{T}}J_1x_d$$
$$+ x^{\mathrm{T}}(\Delta A - \Delta BK)^{\mathrm{T}}P_2e + e^{\mathrm{T}}(A_1 - LC_2)^{\mathrm{T}}P_2x + x_d^{\mathrm{T}}\Delta A_1^{\mathrm{T}}P_2e + e_d^{\mathrm{T}}A_1^{\mathrm{T}}P_2e$$
$$+ w^{\mathrm{T}}(B_1 + \Delta B_1)^{\mathrm{T}}P_2e + \left(\sum_{i=1}^{n} e_iN_iu\right)P_2e + e^{\mathrm{T}}P_2^{\mathrm{T}}(\Delta A - \Delta BK)x$$
$$+ e^{\mathrm{T}}P_2^{\mathrm{T}}(A_1 - LC_2)e + e^{\mathrm{T}}P_2^{\mathrm{T}}A_1x_d + e^{\mathrm{T}}P_2^{\mathrm{T}}(B_1 + \Delta B_1)w + e^{\mathrm{T}}P_2^{\mathrm{T}}\left(\sum_{i=1}^{n} e_iN_iu\right)$$
$$+ e^{\mathrm{T}}J_2e - (1-d(t))e_d^{\mathrm{T}}J_2e_d$$

由向量三角不等式, 有

$$2x^{\mathrm{T}}P_1^{\mathrm{T}}\left(\sum_{i=1}^{n} x_iN_iu\right) \leqslant x^{\mathrm{T}}P_1^{\mathrm{T}}P_1x + x^{\mathrm{T}}E^{\mathrm{T}}\rho^2 IEx$$

$$2e^{\mathrm{T}}P_2^{\mathrm{T}}\left(\sum_{i=1}^n e_i N_i u\right) \leqslant e^{\mathrm{T}}P_2^{\mathrm{T}}P_2 e + e^{\mathrm{T}}E^{\mathrm{T}}\rho^2 I E e$$

则可得到

$$\dot{V} \leqslant \varsigma^{\mathrm{T}} \Xi \varsigma$$

其中

$$\varsigma^{\mathrm{T}} = \left(x^{\mathrm{T}},\ x_d^{\mathrm{T}},\ e^{\mathrm{T}},\ e_d^{\mathrm{T}},\ w^{\mathrm{T}}\right)^{\mathrm{T}}$$

$$\Xi = \begin{pmatrix} \Pi_{11} & P_1^{\mathrm{T}}(A_1+\Delta A_1) & \Pi_{13} & 0 & P_1^{\mathrm{T}}(B_1+\Delta B_1) \\ * & -(1-\alpha)J_1 & \Delta A_1^{\mathrm{T}}P_2 & 0 & 0 \\ * & * & \Pi_{33} & P_1^{\mathrm{T}}A_1 & P_2^{\mathrm{T}}(B_1+\Delta B_1) \\ * & * & * & -(1-\alpha)J_2 & 0 \\ * & * & * & * & 0 \end{pmatrix}$$

$$\Pi_{11} = (A+\Delta A-BK-\Delta BK)^{\mathrm{T}}P_1+P_1^{\mathrm{T}}(A+\Delta A-BK-\Delta BK)+J_1+P_1^{\mathrm{T}}P_1+E^{\mathrm{T}}\rho^2 I E$$

$$\Pi_{13} = P_1^{\mathrm{T}}(BK+\Delta BK)+(\Delta A-\Delta BK)P_2,$$

$$\Pi_{33} = (A+\Delta BK-LC_2)^{\mathrm{T}}P_2+P_2^{\mathrm{T}}(A+\Delta BK-LC_2)+J_2+P_2^{\mathrm{T}}P_2+E^{\mathrm{T}}\rho^2 I E$$

因此, 经计算可得

$$\dot{V}(x(t),e(t)) - z(t)^{\mathrm{T}}Qz(t) - 2z(t)^{\mathrm{T}}Sw(t) - w(t)^{\mathrm{T}}Rw(t) + \alpha w(t)^{\mathrm{T}}w(t) \leqslant \zeta^{\mathrm{T}}\Theta\zeta.$$

其中

$$\Theta = \begin{pmatrix} \Pi_{11} & P_1^{\mathrm{T}}(A_1+\Delta A_1) & \Pi_{13} & 0 & P_1^{\mathrm{T}}(B_1+\Delta B_1)-(C-DK)^{\mathrm{T}}S \\ * & -(1-\alpha)J_1 & \Delta A_1^{\mathrm{T}}P_2 & 0 & C_1^{\mathrm{T}}S \\ * & * & \Pi_{33} & P_2^{\mathrm{T}}A_1 & P_2^{\mathrm{T}}(B_1+\Delta B_1)-K^{\mathrm{T}}D^{\mathrm{T}}S \\ * & * & * & -(1-\alpha)J_2 & 0 \\ * & * & * & * & \alpha I-D_1^{\mathrm{T}}S-S^{\mathrm{T}}D_1-R \end{pmatrix}$$

$$+ \begin{pmatrix} (C-DK)^{\mathrm{T}} \\ C_1^{\mathrm{T}} \\ K^{\mathrm{T}}D^{\mathrm{T}} \\ 0 \\ D_1^{\mathrm{T}} \end{pmatrix} (-Q)(C-DK,\ C_1,\ DK,\ 0,\ D_1).$$

当式 (14.3.9) 成立时, 总能选取充分小的正数 $\alpha$, 使得 $\Phi_1 = \Phi + \mathrm{diag}(0,0,0,0,\alpha I) < 0$. 由 Schur 补性质可得, $\Phi_1 < 0$ 即等价于 $\Theta < 0$. 又因为系统的不确定性参

数满足约束 (14.3.2), 所以进一步可以得到

$$
\Theta = \begin{pmatrix}
\Omega_{11} & P_1^{\mathrm{T}} A_1 & P_1^{\mathrm{T}} BK & 0 & P_1^{\mathrm{T}} B_1 - (C - DK)^{\mathrm{T}} S \\
* & -(1-\alpha) J_1 & 0 & 0 & C_1^{\mathrm{T}} S \\
* & * & \Omega_{33} & P_2^{\mathrm{T}} A_1 & P_2^{\mathrm{T}} (B_1 + \Delta B_1) - K^{\mathrm{T}} D^{\mathrm{T}} S \\
* & * & * & -(1-\alpha) J_2 & 0 \\
* & * & * & * & \alpha I - D_1^{\mathrm{T}} S - S^{\mathrm{T}} D_1 - R
\end{pmatrix}
$$
$$
+ HFM + M^{\mathrm{T}} F^{\mathrm{T}} H^{\mathrm{T}}
$$

其中

$$
\Omega_{11} = (A - BK)^{\mathrm{T}} P_1 + P_1^{\mathrm{T}} (A - BK) + J_1 + P_1^{\mathrm{T}} P_1 + E^{\mathrm{T}} \rho^2 IE
$$

$$
\Omega_{33} = (A - LC_2)^{\mathrm{T}} P_2 + P_2^{\mathrm{T}} (A - LC_2) + J_2 + P_2^{\mathrm{T}} P_2 + E^{\mathrm{T}} \rho^2 IE
$$

$$
H = \begin{pmatrix}
P_1^{\mathrm{T}} E_1 & P_1^{\mathrm{T}} E_2 & P_1^{\mathrm{T}} E_3 & P_1^{\mathrm{T}} E_4 \\
0 & 0 & 0 & 0 \\
P_2^{\mathrm{T}} E_1 & P_2^{\mathrm{T}} E_2 & P_2^{\mathrm{T}} E_3 & P_2^{\mathrm{T}} E_4 \\
0 & 0 & 0 & 0 \\
0 & 0 & 0 & 0
\end{pmatrix}, \quad
M = \begin{pmatrix}
H_1 & 0 & 0 & 0 & 0 \\
0 & H_2 & 0 & 0 & 0 \\
-H_3 K & 0 & H_3 & 0 & 0 \\
0 & 0 & 0 & 0 & H_4
\end{pmatrix}
$$

$$
F = \mathrm{diag} \begin{pmatrix} F_1(t) & F_2(t) & F_3(t) & F_4(t) \end{pmatrix}
$$

根据定义 14.3.1 及上述的证明过程可知系统 (14.3.6) 是鲁棒稳定的. 上式对所有允许的不确定性 (14.3.2) 成立, 当且仅当存在常数 $\varepsilon > 0$ 满足式 (14.3.9).

因此, 我们可以得到

$$
\dot{V}(x(t), e(t)) - z(t)^{\mathrm{T}} Q z(t) - 2z(t)^{\mathrm{T}} S w(t) - w(t)^{\mathrm{T}} R w(t) + \alpha w(t)^{\mathrm{T}} w(t) \leqslant 0
$$

即

$$
z(t)^{\mathrm{T}} Q z(t) + 2z(t)^{\mathrm{T}} S w(t) + w(t)^{\mathrm{T}} R w(t) \geqslant \dot{V}(x(t), e(t)) + \alpha w(t)^{\mathrm{T}} w(t)
$$

对上式两端分别从 0 到 $T$ 积分, 再利用零初始条件及 $V(x(t), e(t))$ 的非负性可得

$$
G(w, z, T) \geqslant \alpha w(t)^{\mathrm{T}} w(t).
$$

所以, 闭环系统 (14.3.6) 是鲁棒稳定且严格 $(Q, S, R)$ 耗散的.　　　　　　□

### 14.3.3　基于观测器型控制器设计

定理 14.3.1 虽然给出了满足设计要求的基于观测器型控制器 (14.3.5) 存在的充分条件, 但由于定理 14.3.1 中同时还含有非线性项, 不利于进行判断和验证. 因

此, 通过对式 (14.3.7) 进行适当处理, 我们可以得到满足要求的线性矩阵不等式形式描述的控制器 (14.3.5) 的存在条件和设计方法.

**定理 14.3.2**　给定矩阵 $Q, S, R$ 且 $Q$ 和 $R$ 是对称矩阵. 在假设 14.3.1 下, 如果存在可逆矩阵 $X, J_1, J_2$ 和矩阵 $Y, W$ 以及常数 $\varepsilon > 0$, 满足:

(1) $X^{\mathrm{T}} E^{\mathrm{T}} = EX \geqslant 0;$　　　　　　　　　　　　　　　　　　　　(14.3.10)

(2) $\left\| \sum\limits_{i=1}^{n} N_i x_i(t) u(t) \right\| \leqslant \rho \left\| Ex(t) \right\|,$ 其中 $\rho > 0$ 为某一常数;　　(14.3.11)

(3) $\begin{pmatrix} T_1 & T_2 & T_3 \\ * & T_4 & 0 \\ * & * & T_5 \end{pmatrix} < 0,$　　　　　　　　　　　　　　　　　(14.3.12)

其中

$$T_1 = \begin{pmatrix} \Psi_{11} & A_1 M_1 & BW & 0 & B_1 - (X^{\mathrm{T}}C^{\mathrm{T}} - W^{\mathrm{T}}D^{\mathrm{T}})S \\ * & -(1-\alpha)M_1^{\mathrm{T}} & 0 & 0 & X^{\mathrm{T}}C_1^{\mathrm{T}}S \\ * & * & \Psi_{33} & A_1 M_2 & B_1 - W^{\mathrm{T}}D^{\mathrm{T}}S \\ * & * & * & -(1-\alpha)M_2^{\mathrm{T}} & 0 \\ * & * & * & * & -D_1^{\mathrm{T}}S - S^{\mathrm{T}}D_1 - R \end{pmatrix}$$

$$T_2 = \begin{pmatrix} X^{\mathrm{T}}H_1^{\mathrm{T}} & 0 & -W^{\mathrm{T}}H_3^{\mathrm{T}} & 0 & (X^{\mathrm{T}}C^{\mathrm{T}} - W^{\mathrm{T}}D^{\mathrm{T}})Q_-^{\frac{1}{2}} \\ 0 & X^{\mathrm{T}}H_2^{\mathrm{T}} & 0 & 0 & X^{\mathrm{T}}C_1^{\mathrm{T}}Q_-^{\frac{1}{2}} \\ 0 & 0 & X^{\mathrm{T}}H_3^{\mathrm{T}} & 0 & W^{\mathrm{T}}D^{\mathrm{T}}Q_-^{\frac{1}{2}} \\ 0 & 0 & 0 & 0 & 0 \\ 0 & 0 & 0 & H_4^{\mathrm{T}} & D_1^{\mathrm{T}}Q_-^{\frac{1}{2}} \end{pmatrix}$$

$$T_3 = \begin{pmatrix} X^{\mathrm{T}} & 0 & 0 & 0 & 0 \\ 0 & 0 & 0 & 0 & 0 \\ 0 & 0 & 0 & 0 & 0 \\ 0 & 0 & 0 & X^{\mathrm{T}} & 0 \\ 0 & 0 & 0 & 0 & 0 \end{pmatrix}, \quad T_4 = \begin{pmatrix} -\varepsilon I & 0 & 0 & 0 & 0 \\ 0 & -\varepsilon I & 0 & 0 & 0 \\ 0 & 0 & -\varepsilon I & 0 & 0 \\ 0 & 0 & 0 & -\varepsilon I & 0 \\ 0 & 0 & 0 & 0 & I \end{pmatrix}$$

$$T_5 = \begin{pmatrix} -(M_1^{-1} + E^{\mathrm{T}}\rho^2 IE)^{-1} & 0 & 0 & 0 & 0 \\ 0 & 0 & 0 & 0 & 0 \\ 0 & 0 & 0 & 0 & 0 \\ 0 & 0 & 0 & -(M_2^{-1} + E^{\mathrm{T}}\rho^2 IE)^{-1} & 0 \\ 0 & 0 & 0 & 0 & 0 \end{pmatrix}$$

$$\Psi_{11} = X^{\mathrm{T}}A^{\mathrm{T}} + AX - BW - W^{\mathrm{T}}B^{\mathrm{T}} + \varepsilon \sum_{i=1}^{4} E_i E_i^{\mathrm{T}} + I$$

$$\Psi_{33} = X^{\mathrm{T}}A^{\mathrm{T}} + AX - Y^{\mathrm{T}} - Y + \varepsilon \sum_{i=1}^{4} E_i E_i^{\mathrm{T}} + I$$

则称闭环系统 (14.3.6) 对所有允许的不确定性 (14.3.2) 在基于观测器 (14.3.5) 的作用下是鲁棒稳定且严格 $(Q,S,R)$ 耗散的, 并且控制器增益矩阵和观测器增益矩阵分别为

$$K = WX^{-1}, \quad L = YX^{-1}C_2^{-1}$$

**证明** 令 $P_1 = P_2 = P$.

我们将不等式 (14.3.9) 进行分块, 可得

$$\begin{pmatrix} N_1 & N_2 \\ N_2^{\mathrm{T}} & N_3 \end{pmatrix} < 0 \qquad (14.3.13)$$

其中

$$N_1 = N, \quad N_2 = \begin{pmatrix} M^{\mathrm{T}} & G \end{pmatrix}, \quad N_3 = \begin{pmatrix} -\varepsilon I & 0 \\ 0 & -I \end{pmatrix}$$

再对不等式 (4.13) 右乘矩阵 $\begin{pmatrix} \Upsilon & 0 \\ 0 & I \end{pmatrix}$, 其中 $\Upsilon = \mathrm{diag}(P^{-1} \quad J_1^{-1} \quad P^{-1} \quad J_2^{-1} \quad I)$, 左乘其转置. 最后, 令 $X = P^{-1}, M_1 = J_1^{-1}, M_2 = J_2^{-1}, K = WX^{-1}, L = YX^{-1}C_2^{-1}$, 即可得定理 14.3.2 中的不等式 (14.3.10) 和 (14.3.12) 成立. □

# 14.4 数值算例

## 14.4.1 鲁棒耗散控制器设计

系统 (14.2.13) 的参数为

$$E = \begin{pmatrix} 1 & 0 \\ 0 & 0 \end{pmatrix}, \quad A = \begin{pmatrix} -36 & -13 \\ 15 & -52 \end{pmatrix}, \quad A_d = \begin{pmatrix} 0 & 0.5 \\ 0 & 1.5 \end{pmatrix}, \quad B = \begin{pmatrix} 0 & 2 \\ 0.5 & 1 \end{pmatrix}$$

$$B_1 = \begin{pmatrix} 10 & 0 \\ 0 & -5 \end{pmatrix}, \quad C = \begin{pmatrix} 0.5 & 1 \\ 0 & -1 \end{pmatrix}, \quad D = \begin{pmatrix} -1.5 & 0 \\ 0 & 1 \end{pmatrix}, D_1 = \begin{pmatrix} 1 & 0 \\ 1 & 1 \end{pmatrix}$$

$$H_z = \begin{pmatrix} 5 & 0 & 6 & 2.5 \\ 0 & 0.5 & 2.5 & -3 \end{pmatrix}, \quad F = \begin{pmatrix} -1 & 0 \\ 1 & 2 \\ -2 & 1 \\ 3 & 0 \end{pmatrix}$$

$$F_d = \begin{pmatrix} 0 & 3 \\ 0 & 1 \\ 2 & 1 \\ 0 & 3 \end{pmatrix}, \quad F_p = \begin{pmatrix} 2 & 0 & 1 & 4 \\ 0 & 3 & -1 & -2 \\ -1 & 0 & 5 & 1 \\ 0 & 1 & 2 & 3 \end{pmatrix}$$

$$F_w = \begin{pmatrix} 1 & 2 \\ 3 & 0 \\ -1 & 5 \\ 3 & 1 \end{pmatrix}, \quad F_u = \begin{pmatrix} 0 & 2 \\ 0 & 3 \\ 2 & 1 \\ 1 & 3 \end{pmatrix}, \quad S_1 = \begin{pmatrix} -5 & 0 \\ 0 & -3 \end{pmatrix}, S_2 = \begin{pmatrix} -2 & 0 \\ -1 & -4 \end{pmatrix}$$

$$Q_1 = Q_2 = \begin{pmatrix} 50.5 & 0 \\ 0 & 50.5 \end{pmatrix}, \quad R_1 = R_2 = \begin{pmatrix} -0.5 & 0 \\ 0 & -0.5 \end{pmatrix}, \quad H = \begin{pmatrix} 2 & 1 & 0 & 1 \\ 0 & -1 & 4 & 5 \end{pmatrix}$$

$$Q = \begin{pmatrix} 1 & 0 \\ 0 & 1 \end{pmatrix}, \quad S = \begin{pmatrix} 0 & -10 \\ 5 & -1 \end{pmatrix}$$

$$R = \begin{pmatrix} -60 & 0 \\ 0 & -90 \end{pmatrix}, \quad N_i = \begin{pmatrix} 2 & 0 \\ 1 & 3 \end{pmatrix}, \quad i = 1, 2$$

则利用 Matlab 中的 LMI 工具箱, 可以解得线性矩阵不等式 (14.2.15) 和 (14.2.16) 有可行解:

$$X = \begin{pmatrix} 4.2799 & 0 \\ 1.5916 & 5.2873 \end{pmatrix}, \quad W = \begin{pmatrix} -1.5319 & -2.0934 \\ -0.7742 & -0.3695 \end{pmatrix}$$

则可求得系统 (14.2.13) 的鲁棒耗散状态反馈控制器为

$$u(t) = \begin{pmatrix} -0.2107 & -0.3959 \\ -0.1549 & -0.0699 \end{pmatrix} x(t)$$

### 14.4.2　基于观测器型控制器设计

给出系统 (14.3.6) 的参数矩阵如下:

$$E = \begin{pmatrix} 1 & 0 \\ 0 & 0 \end{pmatrix}, \quad A = \begin{pmatrix} 2 & -2.6 \\ -3 & 8 \end{pmatrix}$$

$$A_1 = \begin{pmatrix} 0.2 & 0.6 \\ 0.3 & 0.6 \end{pmatrix}, \quad B = \begin{pmatrix} -8.2 & 2.6 \\ -6 & 7 \end{pmatrix}$$

$$B_1 = \begin{pmatrix} 0.1 & 0 \\ 0 & 0.1 \end{pmatrix}, \quad C = \begin{pmatrix} 0.1 & 0.2 \\ -0.3 & 0.4 \end{pmatrix}$$

$$C_1 = \begin{pmatrix} 0.2 & 0 \\ 0 & -0.1 \end{pmatrix}, \quad D = \begin{pmatrix} 0.1 & 0.3 \\ 0.2 & 0.1 \end{pmatrix}$$

$$D_1 = \begin{pmatrix} 0.1 & 0 \\ 0 & 0.2 \end{pmatrix}, \quad C_2 = \begin{pmatrix} -11 & 8 \\ 1 & -9 \end{pmatrix}, \quad E_1 = \begin{pmatrix} 0.2 \\ -10 \end{pmatrix}$$

$$E_2 = \begin{pmatrix} 0.5 \\ -2 \end{pmatrix}, \quad E_3 = \begin{pmatrix} -0.3 \\ 2 \end{pmatrix}$$

$$E_4 = \begin{pmatrix} -0.3 \\ 0.1 \end{pmatrix}, \quad E_5 = \begin{pmatrix} 0.4 \\ -2 \end{pmatrix}, \quad E_6 = \begin{pmatrix} 0.5 \\ -5 \end{pmatrix}$$

$$E_7 = \begin{pmatrix} 0.1 \\ -1 \end{pmatrix}, \quad E_8 = \begin{pmatrix} 0.2 \\ -5 \end{pmatrix}$$

$$H_1 = \begin{pmatrix} 0.1 & 0.2 \end{pmatrix}, \quad H_2 = \begin{pmatrix} 0.2 & 0.3 \end{pmatrix}$$

$$H_3 = \begin{pmatrix} 0.1 & 0.3 \end{pmatrix}, \quad H_4 = \begin{pmatrix} 0.2 & 0.5 \end{pmatrix}$$

$$H_5 = \begin{pmatrix} 0.3 & 0.5 \end{pmatrix}, \quad H_6 = \begin{pmatrix} 0.4 & 0.2 \end{pmatrix}$$

$$H_7 = \begin{pmatrix} 0.1 & 0.1 \end{pmatrix}, \quad H_8 = \begin{pmatrix} 0.2 & -0.3 \end{pmatrix}$$

$$Q = -1, \quad S = 0.4, \quad R = 0.8, \quad N_i = I, \quad i = 1, 2$$

并取 $\varepsilon = 0.1, \alpha = 0.2, \rho = 0.2$, 则利用 Matlab 中的 LMI 工具箱, 最后可求得控制器增益矩阵和观测器增益矩阵分别为

$$K = \begin{pmatrix} 0.8503 & 5.4961 \\ 0.8009 & -7.0332 \end{pmatrix}, \quad L = \begin{pmatrix} 255.9513 & 522.1531 \\ -89.4567 & 797.2781 \end{pmatrix}$$

# 参 考 文 献

程晓亮, 张庆灵, 苏晓明. 2007. 广义离散时变系统的 Lyapunov 稳定性. 系统工程与电子技术, 29(8): 1342–1345

董心壮, 张庆灵. 2005. 线性广义系统的鲁棒严格耗散控制. 控制理论与应用, 20(2): 195–198

段广仁. 1997. 线性系统理论. 哈尔滨: 哈尔滨工业大学出版社

关新平, 华长春, 段广仁. 2002. 不确定时滞系统的鲁棒耗散性研究. 系统工程与电子技术, 24(1): 48–51

关新平, 华长春, 龙承念. 2003. 不确定非线性系统的鲁棒耗散性与保性能控制. 控制理论与应用, 20(6): 938–942

胡刚, 谢湘生, 刘永清. 2001. 一类不确定广义系统的鲁棒容错控制问题. 上海海事高校期刊. 23(6): 52–54

胡广书. 1997. 数字信号处理. 北京: 清华大学出版社

黄琳. 1984. 系统与控制理论中的线性代数. 北京: 科学出版社

李军, 吴刚, 王志全. 2006. 一种范数有界不确定广义时变系统的鲁棒 $H_\infty$ 容错控制器的设计方法.

刘飞, 苏宏业, 褚健. 2002. 线性离散时滞系统鲁棒严格耗散控制. 自动化学报, 28(6): 897–903

刘万全. 1990. 广义分散控制系统的 R- 能控性. 曲阜师范大学学报, 5(4): 89–92

刘万全等. 1992. 无脉冲广义分散控制系统. 控制理论与应用, 8(2): 120–124

邵汉永, 冯纯伯. 2005. 线性离散时滞系统的输出反馈耗散控制. 控制理论与应用, 22(4): 627-631

邵汉永. 2006. 线性离散时滞系统的鲁棒耗散控制. 控制理论与应用, 23(3): 443–448

苏向明, 张庆灵. 2006. 广义周期时变系统. 北京: 科学出版社

苏晓明, 高峰. 2008. 广义网络控制系统的稳定性分析. 中国控制与决策会议, 10: 309–313

苏晓明, 刘芳玲. 2011. 不确定离散广义时滞系统的鲁棒非脆弱 $H_\infty$ 控制. 计算技术与自动化, 30(3): 14–19

苏晓明, 刘芳玲. 2012. 非线性广义离散区间系统的鲁棒非脆弱 $H_\infty$ 控制. 东北大学学报 (自然科学版), 33(3): 305–309

苏晓明, 刘芳玲. 2013. 奇异非线性时滞离散区间系统的弹性 $H_\infty$ 控制, 系统工程学报, 28(2): 151–158

苏晓明, 吕明珠, 张庆灵. 2006. 参数不确定性广义周期系统的稳定性控制. 控制与决策, 21(6): 621–627

苏晓明, 吕明珠, 张庆灵. 2006. 广义不确定周期时变系统的鲁棒稳定性分析. 自动化学报, 32(4): 481–488

苏晓明, 吕明珠. 2005. 广义周期时变系统的允许性分析. 沈阳工业大学学报, 27(6): 710–713

苏晓明, 孟飞, 刘芳玲. 2013. 不确定离散时滞奇异系统的弹性 $H_\infty$ 控制. 控制工程, 20(1): 187–1191

苏晓明, 王刚, 吕明珠, 张庆灵. 2006. 广义不确定周期时变系统的鲁棒镇定控制. 东北大学学报, 27(7): 572–575

苏晓明, 王刚. 2006. 一般广义周期时变系统的允许性分析. 沈阳工业大学学报, 31(1): 93–97

苏晓明, 肖梅娥. 2012, 不确定时滞双线性广义系统的鲁棒耗散控制. 控制与决策, 27(4): 623–626

苏晓明, 张庆灵. 2001. 广义周期时变系统的因果性研究. 东北大学学报自然科学版, 16(6): 934–936

苏晓明, 张庆灵. 2001. 广义周期时变离散控制系统的分散控制技术. 控制与决策, 16(6): 934–936

苏晓明, 张庆灵. 2001. 时变广义系统的稳定性. 东北大学学报自然科学版, 22(5): 572–575

苏晓明, 张庆灵. 2002. 广义线性周期系统的稳定性和能控性分析. 中国控制与决策会议: 90–94

苏晓明, 张庆灵. 2003. 广义区间系统的稳定性与二次稳定分析. 控制理论与应用, 22(1): 17–20

苏晓明, 张庆灵. 2003. 广义周期时变离散控制系统的分散控制技术. 控制与决策, 16(6): 934–936

苏晓明, 郑伟. 2009. 基于 Lyapunov 方法 T-S 模糊系统的 $H_\infty$ 控制. 沈阳工业大学学报, 12(3): 345–350

杨丽, 张庆灵, 杨晓光, 刘佩勇. 2007. 一类不确定广义时滞系统的鲁棒耗散控制. 控制理论与应用, 24(6): 1038–1042

姚丽娜, 赵培军. 2010. 奇异系统的最优容错控制. 信息与控制. 39(3): 298–301

张国峰. 2000. 广义系统的鲁棒分析与控制. 沈阳: 东北大学出版社

张庆灵, 陈跃鹏. 2002. 具有 Frobenius 范数界的不确定广义系统鲁棒二次稳定完整性. 沈阳工业大学学报, 24(2): 73–75

张庆灵, 戴冠中, James L, 等. 1998. 广义系统的渐近稳定性与镇定. 自动化学报, 24(2): 208–212

张庆灵, 戴冠中, Lam, 张立茜. 1998. 广义系统的渐近稳定与镇定. 自动化学报, 24(2): 308–312

张庆灵, 张立茜, 聂义勇等. 1999. 广义线性系统的鲁棒稳定性分析与综合. 控制理论与应用, 16(4): 525–528

张庆灵. 1997. 广义大系统的分散控制与鲁棒控制. 西安: 西北工业大学出版社

张秀华, 张庆灵. 2006. 双线性广义系统稳定性控制分析. 控制工程, 21(2): 192–195

张雪峰, 张庆灵. 2009. 线性广义时变系统的能控性与能观性问题. 自动化学报, 35(9): 1249–1253

郑大钟. 线性系统理论. 2002. 北京: 清华大学出版社

Aeyels D, Willems J L. 1995. Pole assignment for linear periodic systems by memoryless output feedback. IEEE Transactions on Automatic Control, 40(4): 735–739

Al-Rahmani H M, Franklin G F. 1989. Linear periodic systems: eigenvalues assignment using discrete periodic feedback. IEEE Transactions on Automatic Control, 34(1): 99–103

Amato F, Ambrosino R, Ariola M, Cosentino C. 2009. Finite time stability of linear time-varying systems with Jump. Automaitca, 45(5), 1354–1358

Amato F, Ariola M, Cosentino C. 2006. Finite-time stabilization via dynamic output feedback. Automatica, 42(2): 337–342

Amato F, AriolaMand Dorato P. 2001. Finite-time control of linear systems subject to parametric uncertainties and disturbances. Automatica, 37(9): 1459–1463

Araki A. 1993. Recent developments in digital control theory. 12th IFAC World Congress, Sidney: 251–260

Arcara P, Bittanti S, Lovera M. 1998. Periodic control of helicopter rotors for attenuation of vibrations in forward flight. IEEE Transactions on Control Systems Technology, 6(2): 198–203

Barmish B R. 1983. Stabilization of uncertain systems via linear control. IEEE Transactions Automatic Control, 28(7): 848–850

Bittanti S, Lovera M. 1994. A discrete-time periodic, model for helicopter rotor dyn-amics. Proc, 10th IFAC Symposium on System Identification: 577–582

Bittanti S. 2000. 30 years of periodic control-form analysis to design. Proceedings of the third, Asian control conference, Shanghai: 1253–1258

Brunovski P. 1969. Controllability and linear closed-loop controls in linear periodic systems. Differential Equations, 6(4): 296–313

Calise A J, Wasilowski M E, Schrage D P. 1992. Optimal output feedback for linear time-periodic systems. Journal of Guidance Control and Dynamics, 15(2): 416–423

Campell L. 1980. Singular system of differential equation. New York: Pitman: 25–38

Campell S L, Petzold L. 1983. Canonical forms and solvable singular system of Differ-ential Equation. SIAM J. Alg. Discrete Math, 4(4): 517–521

Campell S L, Terrel W J. 1991. Observability and controllability for linear time-varying descriptor system. SIAM J Matrix Anal Application, 12(4): 484–496

Campell S L, Terrel W J. 1991. Observability for linear time-varying Singular System. Circuits, Systems, Signal. Processing, 10(2): 455–470

Chammas A B, Leondes C T. 1986. Pole assignment by piecewise constant output feedback. International Journal of Control, 44(12): 1661–1673

Chen J D. 2007. Robust output observer-based control of neutral uncertain systems with discrete and distributed time delays: LMI optimization approach. Chaos, Solitons and Fractals, 34(4): 1254–1264

Chen M S, Chen Y Z. 1999. Static output feedback control for periodically time -varying systems. IEEE Transactions on Automatic Control, 44(1): 218–222

Colaneri P. 1991. Output stabilization via pole-placement of discrete-time linear periodic systems. IEEE Transactions on Automatic Control, 36(5): 739–742

Crochiere R E, Rabiner L R. 1983. Rabiner Multirate Digital Signal Processing. Prentice:

Hall Processing Series

Cui B T, Hua M G. 2007. Observer-based passive control of linear time-delay systems with parameter uncertainty. Chaos, Solitons and Fractals, 325(1): 160–167

Dai L. 1989. Singular Control System. Berlin: Spring-Verlag

Diao X Q, Kevin M. 2002. Passino. Intelligent fault-tolerant control using adaptive and learning methodsems. Control Engineering Practice, 26(3): 801–817

Dong Y, James L. 2005. Non-fragile guaranteed cost control for uncertain descriptor systems with time-varying state and input delays. Optimal Control Applications and Methods, 26(2): 85–105

Duan G R, Irwin G R, Liu G P. 1999. Robust stabilization of descriptor linear systems via proportion-plus-derivative state feedback. Proceeding of the American Control conference, San Diego, California June: 1304–1308

Elliott D L. 2005. A controllability counter example. IEEE Transactions on Automatic Control, 50(6): 840–841

Fang C H, Horng W R, Lee L. 1996. Pole-clustering inside a disk for generalized state-space systems—an LMI approach. Proceedings of IFAC World Congress: 209–214

Fang C H. 1992. Pole-assignment inside a disk for singular systems. Proceedings of the 8th echnology, Vocation and Education Conference of Taiwan: 97–99

Feng J E, Wu Z, Sun J B. 2005. Finite-time control of linear singular systems with parametric uncertainties and disturbances. Acta Automatica Sinica, 31(4): 634–637

Fliege N J. 1994. Multirate Digital Signal Processing. New York: John Wiley and Sons

Francesco A, Marco A, Senior M. 2010. IEEE, and Carlo Cosentino, Finite-time stability of linear time-varying systems: Analysis and Controller Design. IEEE Transactions on Automatic Control, 55 (4): 225–237

Germain G, Sop hie T, Jacques B. 2009. Finite-Time Stabilization of Linear Time-Varying Continuous Systems. IEEE Transactions on Automatic Control, 54(2): 252–261

Guan Z H, Chan C W, Leung A Y T, Chen G. 2001. Robust stabilization of singular-impulsive-delayed systems with nonlinear perturbations. IEEE Trans. Circuits syst, 48(8): 1011–1019

Hernandez V, Urbano A. 1989. Pole-placement problem for discrete-time linear periodic systems. International Journal of Control, 47(3): 361–371

Hill D J, Moylan P J. 1980. Dissipative dynamical systems: Basic input-output and state properties. Journal of Franklin Institute, 309(5): 327–357

Hosoe S, Hayakawa Y. 1987. Structural controllability analysis for linear systems in linearly parameterized descriptor form. IFAC World Congress: 115–119

Kablar, Natasa A. 1998. Finite-time stability of time-varying linear singular systems. IEEE Conference on Decision and Control, 4(4): 3831–3836

Kaczorek T. 1985. Poleplacement for linear discrete-time systems by periodic output feedbacks. Systems and Control Letters, 28(2): 267–269

Lewis F L. 1986. A survey of linear singular systems. Circuits, Systems and Signal Processing, 5(1): 30–36

Lewis F L. 1987. Subspace Recursions and Structure Algorithms for Singular Systems. Proceedings of 26th IEEE Conference on Decision and Control: 1147–1150

Liang B, Duan G R. 2005. Robust $H_\infty$ Fault-tolerant Control for Uncertain Descriptor Systems by Dynamical Compensators. Sys. Engineer. Electr. 24(6): 2075–2078

Lien C H. 2004. Robust observer-based control of systems with sate perturbations via LMI approach. IEEE Transactions on Automatic Control, 49(8): 1365–1370

Lin X, Du H, Li S. 2011. Finite-time Boundedness and $L_2$-gain Analysis for Switched Delay Systems with Nrm-bounded Disturbance. Applied Mathematics and computation, 217(4): 5982–5993

Longhi S, Zulli R. 1996. A note on robust pole assignment for periodic system, IEEE Transactions on Automatic Control, 41(10): 1493–1497

Lu G P, Ho Daniel W C. 2006. Continuous stabilization controllers for singular bilinear systems: The state feedback case. Automatica, 42(2): 309–314

Masubuchi I, Kamitane Y, Ohara A and Suda N. 1997. $H_\infty$ control for descriptor systems: a matrix inequalities approach, Automatica, 33(4): 669–673

Masubuchi I, Kamitane Y, Ohara A, et al. 1997. $H\infty$ control for descriptor systems: a matrix inequalities approach. Automatica, 33:669–673

Maxwell J C. 1868. On governors. Proc. Soc. London, 16(2): 270–283

McKillip R M. 1985. Periodic control of individual baled control helicopter rotor. Vertica, 9(2): 199–225

Moulay E, Dam bine M, Yegane far N, Perruquetti W. 2008. Finite-time stability and stabilization of time-delay systems. System Control Letter, 57(8): 564–672

Ozcaldiran K, Lewis F. 1987. A Geometric Approach to Eigenstructure Assignment for Singular Systems. IEEE Transactions on Automatic Control, 32(7): 626–632

Patrizio C and Carlos S. 1998. Output stabilizability of periodic systems: necessary and sufficient conditions, Proceedings of the American Control Conference Philadelphia, Pennsylvania June 2795-2796

Patrizio C, Carlos S. 1998. Output stabilizability of periodic systems: necessary and sufficient conditions. Proceedings of the American Control Conference Philadelphia, Pennsylvania June: 2795–2796

Proceedings of the 6th World Congress on Intelligent Control and Automation: 2456–2460

Rafael B, Carmen C, Vincente E. 2000. Output Feedback of Forward-Backward Periodic Systems Stability. IEEE Transactions on Automatic Control, 45(2): 319–322

Schrage D P, Peters D A. 1979. Effect of structural coupling of parameters on the flap-lag forced response of rotor blades in forward flight using Floquet theory. Vertica, 3(2):

177–185

Sreedhar J, Paul Dooren V. 1999. Periodic Descriptor System: Solvability and Condition-ability. IEEE Transactions on Automatic control, 44(2): 310–313

Stephen L, William J T. 1991. Duality, observability, and controllability for linear time-varying descriptor systems. Circuits systems signal process. 10(4): 455–470

Stlickler A C, Alfriend K T. 1976. An elementary magnetic attitude control system. Journal of Spacecraft and Rockets, 13(5): 282–287

Su X M, Kang X Q. 2009. Robust stabilization problem for a class of nonlinear singular systems with uncertainty. 2009 Chinese Control and Decision Conference, 11: 4138–4142

Su X M, Lv M Z, Zhang Q L. 2006. Stability analysis for linear time-varying periodically descriptor systems: A generalized Lyapunov approach. The 6th World Congress on Intelligent Control and Automation, Dalian: 728–732

Su X M, Lv Q T. 2011. Robust stability analysis for T-S fuzzy singular systems with constraints. Chinese Control and Decision Conference, 5: 1428–1433

Su X M, Lv Q T. 2011. Stability analysis for uncertain T-S fuzzy singular systems based on input/output constraints. The 2011 World Congress on Intelligent Control and Automation, 6: 1428–1433

Su X M, Meng F. 2013. Finite time domain robust stability analysis of time-varying descriptor systems. Journal of Computational Information systems, 9(8): 3059–3066

Su X M, Shi H Y. 2004 On Impulsive Controllability of Linear Periodic Descriptor Systems. The 5th World Congress on Intelligent Control and Automation, Hang zhou , 1: 1–5

Su X M, Shi H Y. 2004. On Impulsive Controllability of Linear Periodic Descriptor Systems. The 5th World Congress on Intelligent Control and Automation, 1: 1–5

Su X M, Xiao M E. 2011. Observer-based robust dissipative control for uncertain bilinear descriptor systems with time-varying delay. Journal of Information and Computational Science, 16(8): 4157–4164

Su X M, Zhang N. 2009. Passive control for bilinear singular systems with time delay. 2009 Chinese Control and Decision Conference, 12: 406–410

Su X M, Zhang Q L. 2002. Causal control problems for linear periodically time-varying singular systems. The 4th World Congress on Intelligent Control and Automation, shanghai: 194–198

Su X M, Zhang Q L. 2002. Causal control problems for linear periodically time-varying singular systems. The 4th World Congress on Intelligent Control and Automation: 194–198

Su X M, Zhang Q L. 2002. I-controllability of linear periodic descriptor systems. 2002 Asia Control Conference, Singapore: 1253–1257

Su X M, Zhang Q L. 2002. On stability analysis and quadratic stabilization of interval descriptor systems. 2002 Asia Control Conference, Singapore: 913–917

Su X M, Zhang Q L. 2002. Stability analysis for interval descriptor systems: A matrix inequalities approach. The 4th World Congress on Intelligent Control and Automation: 1007–1011

Su X M, Zhang Q L. 2002. Stability analysis for interval descriptor systems: A matrix inequalities approach. The 4th World Congress on Intelligent Control and Automation, Shanghai: 1007–1011

Su X M, Zhang Q L. 2004. Infinite controllability and infinite observability of generalized dynamical systems. Dynamics of Continuous, Discrete and Impulse Systems, 11(5): 825–834

Su X M, Zhang Q L. 2004. Infinite controllability and infinite observability of generalized dynamical systems. Dynamics of Continuous, Discrete and Impulse Systems, 11(5): 825–834

Su X M, Zhang Q L. 2005. Analysis of stabilization and admissibility for periodically time-varying descriptor systems. Dynamics of Continuous, Discrete and Impulse Systems, 12(6): 238–250

Su X M, Zhang Q L. 2005. Analysis of stabilization and admissibility for periodically time-varying descriptor systems. Dynamics of Continuous, Discrete and Impulse Systems, 已录用

Su X M, Zhang W, Zhang N. 2009. Optimal control for T-S fuzzy descriptor systems with time domain hard constraints. International Journal of Information and Systems Sciences, 5(3): 447–456

Sun J B, Cheng Z L. 2004. Finite-time control for one kind of uncertain linear singular systems subject to norm bounded uncertainties. In Proceedings of the 5th World Congress on Intelligent Control and Automation, Hangzhou, China: 980–984

Teves D, Niesl G, Blaas A, Jacklin S. 1995. The role of active control in future rotorcaft. 21st European Rotorcraft Forum, Saint Petersburg, Russia: 1–17

Verghese G, Levy B C, Kailath T. 1981. A generalized state-space for singular systems. IEEE Transactions on Automatic Control, 26(4): 811–831

Vicente H, Ana U. 1987. Pole-assignment problem for discrete-time linear periodic systems. International Journal of Control, 46(2): 687–697

Wang C J. 1996. State feedback impulse elimination of linear time-varying singular systems. Automatica, 32 (1):13–16

Wang C J. 1999. Observability and controllability for linear time-varying descriptor systems. IEEE Transactions of Automatic Control, 44(12): 1901–1905

Wang C J. 2001. Impulse observability and impulse controllability of linear time-varying singular systems. Automatica, 37(11): 1867–1872

Wang R, Zhao J. 2006. Non-fragile hybrid guaranteed cost control for a class of uncertain switched linear systems. J of Control Theory and Applications, 4(1): 32–37

Willems J C. 1972. Dissipative dynamical systems, Part2: Linear system with quadratic supply rates. Arch. Rational Mechanics and Analysis, 45(3): 352–393

Wilson J R. 1996. Linear System Theory. New Jersey: Prentice Hall

Wisniewski R, Blanke M. 1999. Three axis satellite control based on magnetic torquing. Automatica, 35(7): 821–827

Xie Shoulie, Xie Lihua. Robust dissipative control for linear systems with dissipative uncertainty and nonlinear perturbation, Systems and Control Letters, 1997, 29(5): 255–268

Xie Shoulie, Xie Lihua, Ge Shuzhi. Dissipative Control for Linear Systems with Time Varying Uncertainty. Proceedings of the American Control Conference, Albuquerque, NM, 1997, 2531~2535

Xu J, Sun J. 2010. Finite-time stability of linear time-varying singular impulsive systems. IET Control Theory Applysis, 4(10): 421–439

Xu S, Yang C. 1999. Robust stabilization of generalized state-space systems with uncertainty. International Journal of Control, 72(12): 1655–1664

Yakuhbovich V A, Starzhinskii V M. 1995. Linear differential equations with periodic coefficients. New York: Wiley J and Sons

Yan W Y, Bitmead R R. 1992. Decentralized control techniques in periodically time -varying discrete-time control systems. IEEE Transactions on Automatic Control, 37(10): 1644–1648

Yan Z B, Duan G R. 2006. Impulse Analysis of Linear Time-Varying Singular Systems. IEEE Transactions on automatic control, 51(12): 1975–1979

Yao J, Feng J E, Sun L, Zheng Y. 2012. Input-output finite-time stability of time-varying linear singular systems. Journal of Control Theory Applysis, 10(3): 287–291

Yao J, Guan Z H, Chen G R, Ho D W C. 2006. Stability Robust Stabilization and $H_\infty$ Control of Singular-impulsive Systems via Switching Control. Syst. Control Letter, 55(11): 879–886

Yasuda G, Noso G. 1996. Decentralized quadratic stabilization of interconnected descriptor systems. Proceedings of the 35th IEEE CDC: 4264–4269

Zames G. 1966. On the input-output stability of time-varying nonlinear feedback systems, Part I: Connections derived using concepts of loop gain, conicity and posivity. IEEE Transactions on Automatic Control, 11(2): 228–239

Zhang Q L, Lam J L, Zhang L Q. 1868. Generalized Lyapunov equations for analyzing the stability of descriptor systems. Proceedings of 14th IFAC World Congress, Beijing, 1999: 19–25

Zhao S, Sun J, Liu L. 2008. Finite-time stability of linear time-varying singular systems with impulsive effects. International Journal of Control, 8(1): 1824–1829

Zhou K M, Doyle J C. 1998. Essentials of robust control. New Jersey Prentice Hall Upper Saddle River

# 名 词 索 引